葡萄病虫害防控技术知识问答

甘肃科学技术出版社

图书在版编目（CIP）数据

葡萄病虫害防控技术知识问答 / 杜蕙，吕和平主编. -- 兰州 : 甘肃科学技术出版社，2018.8（2019.7重印）
ISBN 978-7-5424-2631-4

Ⅰ.①葡… Ⅱ.①杜… ②吕… Ⅲ.①葡萄－病虫害防治－问题解答 Ⅳ.①S436.631-44

中国版本图书馆CIP数据核字(2018)第193810号

葡萄病虫害防控技术知识问答
杜 蕙 吕和平 主编

责任编辑 何晓东
封面设计 陈妮娜

出 版 甘肃科学技术出版社
社 址 兰州市读者大道568号 730030
网 址 www.gskejipress.com
电 话 0931-8773023（编辑部） 0931-8773237（发行部）
京东官方旗舰店 https://mall. jd. com/index-655807.html

发 行 甘肃科学技术出版社 印 刷 兰州新华印刷厂
开 本 710mm×1020mm 1/16 印 张 10 插 页 1 字 数 143千
版 次 2018年12月第1版
印 次 2019年7月第2次印刷
印 数 1 001～11 000
书 号 ISBN 978-7-5424-2631-4 定 价 29.00元

主要农作物病虫草害防控技术
知识问答系列丛书
编 委 会

本册编委会

序

"甘肃省利用世行贷款建设农村经济综合开发示范镇"项目由甘肃省发改委世行贷款项目办公室组织实施。项目区涉及庆阳市西峰区董志镇、平凉市灵台县十字镇、天水市麦积区甘泉镇、秦州区皂郊镇、定西市岷县梅川镇、陇西县文峰镇;白银市靖远县东湾镇、景泰县红水镇;张掖市甘州区党寨镇、肃南县红湾寺镇;酒泉市的玉门市花海镇和敦煌市七里镇等共计7市12个镇,面积7264km^2。

该项目重点围绕项目区乡镇优势主导产业和支柱产业的发展进行相关的基础设施建设,从而有效推进城乡一体化建设进程,并以此推动各示范镇及周边地区社会、经济和环境的可持续发展。由于该项目的建设内容与各项目镇农业主导产业和特色农产品的生产密切相关,按世行《病虫害管理环境评估》的要求,必须对项目区农户进行农作物病虫害的综合治理培训。为此,在先期调研的基础上,根据各项目镇主导优势农作物的种植及其病虫害的发生情况,以"预防为主、综合防治"的植保方针为基础,贯彻落实"公共植保"和"绿色植保"理念,编写了《蔬菜病虫害防控技术知识问答》《苹果病虫害防控技术知识问答》《葡萄病虫害防控技术知识问答》《玉米病虫害防控技术知识问答》《草地病虫鼠害防治及毒草防除技术知识问答》和《农药科学合理使用知识问答》6本培训教材。

可以说,培训教材是为该项目而编写,其服务对象是项目区的农技人员、农药经销商和农户。教材的内容是项目区各主要农作物常发病虫害的种类、识别特征、发生规律、传播途径及防控技术。编写体例采用问答的形式,要求简短实用、通俗易懂、图文并茂。总之,利用我们的所知、所学,为项目区现代农业可持续发展提供技术保障,为农民插上致富的翅膀,这是我们义不容辞的责任,也是我们实施这一项目的宗旨和出发点。

在丛书的编写过程中,甘肃省农业科学院“生物防治技术研究与应用”学科团队的科技工作者将多年来取得的有害生物绿色防控理论和实践成果充实到丛书中,对推动甘肃省现代农业的绿色发展具有重要的指导意义。同时,培训教材的编写也参考了部分国内已正式出版发行的书刊资料,在此一并表示衷心的感谢。由于我们的水平有限,如有不妥之处,请同行专家和读者指正。

前　言

葡萄是世界上重要的果树树种，具有5000~7000年的栽培历史。葡萄不但是最受欢迎的水果之一，也是酿酒、制干、制汁、做醋和做罐头的重要原料。葡萄栽培面积和产量曾长期位居世界水果生产首位，20世纪60年代，全世界葡萄栽培面积曾达到1000万公顷以上。自改革开放以来，葡萄在我国栽培面积飞速发展，几乎所有的省、自治区和直辖市都有葡萄栽培。在我国主要形成了东北、西北冷凉气候栽培区，华北及环渤海湾葡萄栽培区，西北及黄土高原葡萄栽培区，秦岭及淮河以南亚热带葡萄栽培区，云贵高原及川西部分高海拔葡萄栽培区。栽培品种主要以巨峰、红地球、玫瑰香、龙眼、无核白为主，结合白牛奶、美人指、无核白鸡心、京亚、京玉等的鲜食葡萄，以赤霞珠、梅鹿辄、霞多丽、蛇龙珠、品丽珠等为主的酿酒葡萄。

葡萄已经成为我国重要果树树种之一。1997年我国的葡萄生产规模已进入世界10大生产国，经过10年的发展，到2007年中国的葡萄栽培面积为世界第四位，年产量625万吨，居世界第三位。“国际葡萄与葡萄酒组织”(OIV)发布《2013年世界葡萄酒行业统计报告》显示，2012年全球葡萄种植面积为795万公顷，比2000年的784.7万公顷减少31.9万公顷。中国的葡萄种植面积则由2000年的30万公顷扩展到57万公顷，增加27万公顷。在世界范围内，中国葡萄种植面积排名第四位，仅次于西班牙(101.8万公顷)、法国(80万公顷)、意大利(76.9公顷)。2015年4月27日“国际葡萄与葡萄酒组织”(OIV)发布的统计数据显示，2014年中国用于酿造葡萄酒的葡萄种植面积为

79.9万公顷，超过79.2万公顷的法国跃居第二。西班牙以102.1万公顷居首位。随着经济增长，中国葡萄酒消费呈上升趋势，葡萄种植面积随之增加。2000年种植面积仅占全球的4%，到2014年则大增至11%，而产量却仅列全球第八。鲜食葡萄栽培面积和产量位居世界第一位。从我国的落叶果树树种结构来看，我国葡萄栽培面积位居苹果、梨、桃之后的第四位，发展前景广阔。

但是，我国葡萄生产中普遍存在产量低、品质较差等问题，主要原因是品种选择、管理不力，尤其是病虫害危害造成品质、产量下降严重。为了葡萄产业的健康稳步发展，普及病虫害防治知识，笔者根据多年的调查研究资料和拍摄的照片，并参考有关文献和广大农民在葡萄生产中的经验，编写了本书。本书介绍了葡萄常见侵染性病害、非侵染性病害即生理性病害、葡萄贮藏期病害、葡萄常见害虫(害螨)、葡萄园常用药剂、药害及葡萄病虫害综合防治技术，以期为葡萄生产者提供参考。

本书出版受到世行贷款项目“甘肃省利用世界银行贷款建设农村经济综合开发示范镇”、公益性行业(农业)科研专项“果树霜霉病防控技术研究与示范(编号:201203035)”、甘肃省农业科学院科技支撑计划“鲜食葡萄霜霉病绿色防控及农药减量技术研究与示范(编号:2016GAAS08)”等项目资助，书中部分图片引用了赵奎华、王忠跃等专家的图片，在此一并致谢。书中有不妥之处，敬请读者指正。

编者

2018年8月8日

目 录

第一章 概 论

1. 我国葡萄种植概况及产量如何?

葡萄是世界上重要的果树树种,具有5000~7000年的栽培历史。葡萄不但是最受欢迎的水果之一,也是酿酒、制干、制汁、做醋和做罐头的重要原料。其中欧亚种葡萄(又称欧洲葡萄)是最具经济价值的一个物种,全世界约有80%以上的葡萄品种和90%以上的葡萄产品来自这个种。葡萄栽培面积和产量曾长期位居世界水果生产首位,20世纪60年代,全世界葡萄栽培面积曾达到1000万公顷以上。自改革开放以来,葡萄在我国栽培面积飞速发展,几乎所有的省、自治区和直辖市都有葡萄栽培。葡萄已经成为我国重要果树树种之一。1997年我国的葡萄生产规模已进入世界十大生产国,经过10年的发展,到2007年中国的葡萄栽培面积为世界第四位,年产量(625万吨)居世界第三位。

“国际葡萄与葡萄酒组织”(OIV)发布《2013年世界葡萄酒行业统计报告》显示,2012年全球葡萄种植面积为795万公顷,比2000年的784.7万公顷减少31.9万公顷。中国的葡萄种植面积则由2000年的30万公顷扩展到57万公顷,增加27万公顷。在世界范围内,中国葡萄种植面积排名第四位,仅次于西班牙(101.8万公顷)、法国(80万公顷)、意大利(76.9万公顷)。2015年4月27日“国际葡萄与葡萄酒组织”(OIV)发布的统计数据显示,2014年中国用于酿造葡萄酒的葡萄种植面积为79.9万公顷,超过79.2万公顷的法国跃居第二。西班牙以102.1万公顷居首位。随着经济增长,中国葡萄酒消费呈上升趋势,葡萄种植面积随之增加。2000年我国葡萄种植面积仅占全球的4%，到2014年则增至11%，产量居全球第八。鲜食葡萄栽培面积和产量位居世界第一位。从我国的落叶果树树种结构来看，我国葡萄栽培面积仅次于苹果、梨、桃之后。

2. 我国葡萄种植区域及栽培的主要特点有哪些?

我国地域辽阔，地形复杂，气候多样。按照生态条件的不同，一般将我国的葡萄栽培归纳划分为以下几个大的种植区域：

(1)东北、西北冷凉气候栽培区

该区主要包括沈阳以北、内蒙古、新疆北部山区。该区冬季气候严寒，积温不足是该区发展葡萄生产的主要障碍。这一地区葡萄露地栽培的主要特点是以抗寒性强的早熟和早中熟品种为主，苗木也多采用抗寒砧木山葡萄或贝达为主。同时，该区内的吉林、黑龙江和辽宁北部地区还是我国以山葡萄为栽培品种的特殊种植区。

(2)华北及环渤海湾葡萄栽培区

该区主要包括京、津地区和河北中北部、辽东半岛及山东北部环渤海湾地区。该区气温适中，葡萄栽培历史悠久，是当前我国葡萄和葡萄酒生产的中心地区，鲜食葡萄、酿酒葡萄及葡萄酒产量均在全国占有主要的地位。鉴于该区占有独特的政治、经济、地理、交通、科技和市场流通的明显优势，该区葡萄栽培的主要特点是在品种的选择上以欧亚种优良品种为主，同时重视提高鲜食品种和高档酿造品种葡萄的产量和质量，使这一地区葡萄栽培水平尽快达到国际先进水平。

(3)西北及黄土高原葡萄栽培区

该区是我国葡萄栽培历史最为悠久的地区，也是目前全国葡萄栽培面积最大的地区。该区日照充足，年活动积温量高，昼夜温差大，降雨量少，其自然条件极适宜发展优质葡萄生产，是我国今后优质葡萄和葡萄酒的重点发展地区。该区根据气候的不同又可划分为：新疆、甘肃西部制干葡萄发展区和西北东部、华北西部黄土高原鲜食、酿造葡萄发展区两大部分。其中：

新疆地区(吐鲁番、鄯善)和甘肃(敦煌地区)是我国主要的葡萄干生产基地。近年来,随着旅游业的发展,正在积极发展新的优质制干品种和高档欧亚种鲜食葡萄品种。

华北西部和西北东部的晋、陕、宁、甘肃黄土高原地区,在国家重点开发中西部地区的新形势下,正在合理规划,大力发展优质葡萄和葡萄酒生产,在品种选择上多以欧亚种优良品种为主栽品种,同时积极规划发展葡萄酒生产。

西北地区南部和华北地区南部(包括部分黄河故道地区),由于气温较高,且7—9月雨量较多,对葡萄生产和品质的提高有一定的影响,因而其栽培特点是在品种的选择上多注意选择抗病性强、成熟期能避开阴雨的欧亚品种,同时因地制宜地发展部分抗病、耐湿、品质优良的欧美杂交种鲜食品种和制汁品种。

(4)秦岭、淮河以南亚热带葡萄栽培区

该区由于气温高,年降雨量大,过去一直被认为是不适宜葡萄发展的地区。但近年来,较耐湿热的巨峰系品种得到了长足的发展。上海、浙江、福建、湖南等地发展巨峰系品种都获得了良好的效果,并已形成我国一个新的巨峰系品种生产区。该区葡萄的栽培特点主要是鲜食品种的引进上以优良的抗湿、抗病的巨峰系品种为主,同时开展在人工简易设施避雨栽培条件下,使乍娜、玫瑰香等欧亚品种也能正常结果,为我国高温多雨的南方地区发展优质欧亚葡萄栽培开辟了一条新途径。

(5)云贵高原及川西部分高海拔葡萄栽培区

这一区域目前还不是我国的葡萄主要种植区。但由于该区地形复杂,小气候多样,特别是在一些河谷川地,日照充足,热量充沛,日温差大,雨量少,云雾少,年日照在2000小时以上的地区可因地制宜的发展葡萄生产。

3.我国葡萄栽培品种有哪些?

近年来,我国已形成以巨峰、红地球、玫瑰香、龙眼、无核白为主,结合白牛奶、美人指、无核白鸡心、京亚、京玉等多品种的鲜食葡萄品种体系,年生产鲜食葡萄550万吨左右;同时,形成了以赤霞珠、梅鹿辄、霞多丽、蛇龙珠、品丽珠等为主的酿酒葡萄的生产体系，年生产葡萄酒5.805亿千克(2014年)；以汤普森无核葡萄为主的葡萄干生产体系，年产葡萄干超过15万吨。

4. 我国葡萄病虫害发生种类及为害情况如何?

自有葡萄栽培种植以来，各种病虫害就如影随形，制约着葡萄的生长和产业的发展。据粗略统计，目前危害我国葡萄的真菌性病害有50种左右，细菌性病害有1种，病毒种类30多种，害虫(包括害螨)120多种。葡萄霜霉病仍是我国葡萄生产中最重要的病害，其他病害如白腐病、炭疽病、灰霉病、酸腐病、白粉病和黑痘病在不同葡萄产区均有不同程度的危害；害虫中绿盲蝽、引起毛毡病的锈壁虱及叶蝉发生普遍。

此外，根癌病在埋土防寒区尤其是新疆比较严重；病毒性病害在全国各地都普遍发生严重，也是影响我国葡萄产业健康发展的重大病害；穗轴褐枯病在巨峰系品种种植区，如在开花期前遇到雨水或湿度较大，也是影响产量和质量的重要病害。

不同品种的葡萄对病虫害的抗性存在较大差异。鲜食葡萄品种红地球、巨峰受病虫害危害比例最高，酿酒葡萄品种中赤霞珠受害比例最高，其他发生病虫害较多的品种有：木纳格、美人指、维多利亚、藤稔、夏黑等。根据调查数据统计分析，我国葡萄主栽品种的主要病虫害种类可归纳如下：

(1)红地球葡萄：霜霉病、炭疽病、白腐病、白粉病、灰霉病、绿盲蝽、叶蝉、毛毡病等。

(2)巨峰葡萄：霜霉病、炭疽病、灰霉病、白粉病、白腐病、毛毡病、裂果；绿盲蝽、金龟甲、康氏粉介、斑衣蜡禅、双棘长蠹、蜗牛。

(3)赤霞珠葡萄：霜霉病、白腐病、炭疽病、灰霉病、酸腐病和绿盲蝽。

(4)木纳格葡萄：叶蝉、霜霉病和白粉病；部分管理水平低的果园有毛毡病。

(5)美人指葡萄：霜霉病、白腐病、酸腐病、炭疽病、绿盲蝽和叶蝉。

(6)维多利亚葡萄：霜霉病、炭疽病、白腐病、灰霉病、叶蝉和绿盲蝽。

(7)藤稔葡萄：灰霉病、霜霉病、白腐病、炭疽病、黑痘病、绿盲蝽和叶蝉。

(8)夏黑葡萄:霜霉病、炭疽病、灰霉病、白腐病、黑痘病、酸腐病、绿盲蝽和叶蝉。

上述所列,均为全国性普遍发生的重要病虫害,其他如枝枯病、褐斑病、蔓割病、房枯病、黑腐病和葡萄透翅蛾、十星叶甲等则属于局部葡萄种植区的区域性病虫害,也应予以关注和防治。

第二章　葡萄侵染性病害及防治

1.什么是侵染性病害?

通常情况下由病原物侵染而引起的病害称为侵染性病害。由于侵染源的不同,又可分为真菌性病害、细菌性病害、病毒性病害、线虫性病害、寄生性种子植物病害等多种类型。

植物侵染性病害的发生发展包括以下三个基本的环节:病原物与寄主接触后,对寄主进行侵染活动(初侵染病程)。由于初侵染的成功,病原物数量得到扩大,并在适当的条件下传播(气流传播、水传播、昆虫传播以及人为传播)开来,进行不断的再侵染,使病害不断扩展。由于寄主组织死亡或进入休眠,病原物随之进入越冬阶段,病害处于休眠状态。到次年开春时,病原物从其越冬场所经新一轮传播再对寄主植物进行新的侵染。这就是侵染性病害的一个侵染循环。

2.生产中常见的葡萄侵染性病害有哪些?

在生产中常见的葡萄侵染性病害主要有葡萄霜霉病、葡萄白腐病、葡萄黑痘病、葡萄炭疽病、葡萄灰霉病、葡萄褐斑病、葡萄白粉病、葡萄白文纹羽根腐病等,其中葡萄霜霉病发生普遍,危害严重。

3.怎样识别葡萄霜霉病?

葡萄霜霉病主要为害葡萄叶片,也能为害新梢、卷须、叶柄、花序、穗轴、果柄和果实等幼嫩组织。叶片受害发病初期病部为淡黄色、水浸状的斑点,而后在叶片正面出现黄色不规则的病斑,空气湿度大时叶背面产生白色霜状霉层。发病严重时,数个病斑连在一起,叶片焦枯、脱落。花梗、果梗、新梢和叶柄感病后初期为淡黄色、水浸状的斑点,天气潮湿时病斑上出现白色霜状霉层,空气干燥时,病部凹陷、干缩。花蕾、花、幼果发病初期形成浅绿色病斑,之后颜色变深呈褐色。湿度大时叶背面及其他受害部位病斑上出现白色霜状霉层;空气干燥时,病部凹陷、干缩。植株受害部位产生白色霉状物是霜霉病的主要识别特征。

4.葡萄霜霉病是怎样发生的?

葡萄霜霉病是由葡萄生单轴霉(*Plasmopara viticola*)真菌侵染引起的多循环病害,病菌繁殖体和传播体的数量是病害发生和流行的主导因素。高湿是引起该病流行的关键气候因子。高湿低温对孢子囊产生和侵染十分有利,孢子囊的扩散与温度、湿度和降雨量密切相关。有性生殖产生的卵孢子是该病害的初侵染源,雨水对其萌发具有决定性作用。病菌在病组织、幼芽中或随病残体在土壤中越冬,第二年条件适宜时靠风、雨水传播到寄主叶片上,由气孔或水孔侵入,并可反复进行侵染。雨露是病菌侵入的首要条件,因此在低温多雨或雾露重的环境下易造成该病害的发生和流行。

植株生长过密或棚架太低,通风透光不良,偏施氮肥,树势衰弱等也有利于发病。另外,品种间抗病性差异较大,一般美洲种葡萄较抗病,欧亚种葡萄易感病。甘肃省中部地区一般年份6月下旬到7月初开始发病,8月份进入发病盛期。

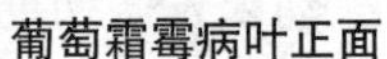

葡萄霜霉病叶正面

葡萄霜霉病叶背面

5.怎样防治葡萄霜霉病?

(1)农业防治

①加强田间管理,秋、冬季及时清理果园,将落叶、病果、修剪下的病残枝集中烧毁。

②注意夏季修剪,确定合理的负载量,及时剪除多余的副梢枝叶,使架面新梢分布均匀,创造良好的通风透光条件。

③合理肥水管理,增施磷肥、钾肥,增强树势,提高抗病力。

(2)药剂防治

在防治葡萄霜霉病时应注意早期诊断、预防和控制。

在未发病前可适当喷施一些保护性药剂进行预防。常用的药剂是铜制剂,如1:0.5~0.7:200的波尔多液;12%绿乳铜(松脂酸铜)800倍液等、80%代森锰锌可湿性粉剂500~800倍液或用生物农药如枯草芽孢杆菌等进行预防。

病害发生后,可施用内吸性杀菌剂。如40%烯酰吗啉悬浮剂1000~1500倍液、40%多·福可湿性粉剂320~400倍液、78%波尔·锰锌可湿性粉剂500~600倍液、50%烯酰·乙膦铝可湿性粉剂2300~2800倍液进行喷雾,连续用药2~3次,每次间隔5~7天,重点喷叶背。

在进行化学防治时,最好加入农药助剂如水动力等,可增加药液在叶表面的延展性,耐雨水冲刷,以提高农药的有效利用效率。同时注意不同类型药剂的交替使用,延缓病菌抗药性的产生。

葡萄霜霉病后期田间症状

6.怎样识别葡萄白腐病?

白腐病主要危害果实,也危害果梗、穗轴、果柄、叶片和枝蔓。果穗上发病,病菌先从离地面较近的果梗或穗轴侵入。发病初期呈水渍状,淡褐色、边缘不明显的斑点,然后病斑扩展并蔓延到整个果粒。果实受害后开始腐烂,果面上着生灰白色的微突起小粒点,即病菌的分生孢子器。后期病果皱缩、干枯,呈有明显棱角的僵果。果实前期发病,病果易失水干枯成黑褐色的干果,挂在树上不易脱落。果实上色后感病,病果不易干枯,碰撞时极易脱落。无论病果、病枝,都有一种特殊的霉烂味,是该病的最大特点之一。

叶片多在叶尖或叶缘处先发病,病斑初期为水渍状、淡褐色近圆形或不规则的大病斑,其上呈现出深浅不同的褐色同心轮纹。枝蔓受害形成溃疡型病斑,纵裂成麻丝状。

7.葡萄白腐病是如何发生的?

白腐病病菌散落地面及表土中的病残体中作为来年初侵染的主要来

源，病菌可在土壤中腐生存活3年以上。在僵果上分生孢子器的基部，有一些密集的菌丝体，对不良环境有很强的抵抗力，在干燥的穗粒标本中可存活10年以上。分生孢子靠雨水飞溅传播，经植株伤口入侵。高温高湿的气候条件是该病发生和流行的主要因素。土质黏、排水不良的果园发病重，通风透光不良的果园发病重，负载量过大的植株发病也重。果实进入着色期与成熟期，其感病程度也逐渐加重。葡萄白腐病一般在6月初叶片和枝蔓首先发病，6月下旬，近地面果穗也开始发病，7月下旬至8月上旬为发病盛期。

葡萄白腐病病穗

8.如何防治葡萄白腐病?

（1）合理施肥，增强树势，提高树体的抗病力。

（2）生长季节勤检查，及时清除树上和地上的病穗、病粒和病叶等，集中深埋。

（3）合理修剪，及时绑蔓、摘心、除副梢和疏叶。保护合理的架面结构，使其通风透光良好。

（4）提高结果部位，50厘米以下不留果穗，减少病菌的侵染机会。

（5）化学防治

发病期前，进行土壤处理。可用50%福美双1份兑20~50份细土，拌匀后洒在果园地表；也可用福美双、硫黄粉、碳酸钙，三者按1∶1∶2的配比混匀后，以每亩施用1~2千克进行地面撒药灭菌。

发现病害后，及时喷洒药剂保护，每隔10天喷1次，连续喷防2~3次。药剂可选用80%代森锰锌可湿性粉剂500~800倍液、50%福美双可湿性粉剂500~1000倍液、250克/升嘧菌酯悬浮剂850~1250倍液、78%波尔·锰锌可湿性粉剂500~600倍液、60%唑醚·代森联水分散粒剂1000~2000倍液、250克/升戊唑醇水乳剂2000~2500倍液。

9.怎样识别葡萄黑痘病?

黑痘病在我国主要葡萄产区普遍发生。在多雨年份,如防治不及时,会造成大幅度减产。该病仅在葡萄上发生,不侵害其他果树。

黑痘病主要危害叶片、叶脉和果粒等,特别是树体的幼嫩部分。叶片发病,初呈黄褐色斑点,病斑外有淡黄色的晕圈,病斑中央为灰白色,逐渐干枯、破裂,形成穿孔。叶脉受害后病斑呈菱形、凹陷,灰褐色,边缘为暗褐色,常造成叶片皱缩畸形。果粒受害呈褐色圆斑,病斑外部颜色比较深,褐色,中央浅褐色或灰白色,稍凹陷,形似鸟眼状,称“鸟眼病”。后期病斑硬化龟裂,果小味酸,品质下降。

10.葡萄黑痘病是怎样发生的?

葡萄黑痘病病菌主要以菌丝体潜伏于病蔓、病梢等组织内越冬,也能在病果、病叶和病叶痕等部位越冬。病菌生活力很强,在组织内可存活3~5年之久。第二年5月产生新的分生孢子,借风雨传播。孢子发芽后,芽管直接侵入寄主,引起初次侵染。侵入后,菌丝主要在表皮下蔓延。以后在病部形成分生孢子盘,突破表皮,在湿度大的情况下,不断产生分生孢子,进行重复侵染。病菌近距离的传播主要靠雨水,远距离的传播则依靠带病的枝蔓。

黑痘病的流行和降雨、空气湿度及植株幼嫩情况有密切关系,尤以春季及初夏雨水多少的关系最大。多雨高湿有利于分生孢子的形成、传播和萌发侵入;同时,多雨高湿又造成寄主幼嫩组织的迅速生长,因此病害发生严重。生长后期,随着枝条成熟,叶片老化,果实着色,寄主抗病能力逐渐增强,发病率下降。一般干旱年份或少雨地区,发病明显较轻。葡萄开花前、落花后是黑痘病的发病期,也是该病防治最关键的时期。

11.如何防治葡萄黑痘病?

(1)搞好田园卫生,清洁田园。秋冬季彻底清扫枯枝落叶,并对修剪下的枝蔓集中烧毁。

(2)加强田间管理,增施有机肥和磷、钾肥;认真进行夏季修剪,使树体通风透光。

(3)化学防治。

春季树体发芽前,喷0.3%五氯酚钠加1波美度石硫合剂,或3~5波美度石硫合剂,以杀死枝蔓上的越冬病原。

生长季节发病,特别是花前、花后期,可选用80%代森锰锌可湿性粉剂600~800倍液、75%百菌清可湿性粉剂600~700倍液、400克/升氟硅唑乳油8000~10000倍液、250克/升嘧菌酯悬浮剂800~1200倍液进行喷药。每隔7~10天喷1次,一般喷2~3次,如前后降雨应及时补喷。

12.怎样识别葡萄炭疽病?

葡萄炭疽病主要危害果实。幼果期发病,受害果粒呈现黑褐色、蝇粪状病斑。成熟的果实得病后,初为褐色圆形斑点,病斑表面生长出轮纹状排列的小黑点,天气潮湿时,小黑点变为小红点,并溢出粉红色黏稠状物,即病原菌的分生孢子团。发病严重时,病斑扩展到整个果面,果粒软腐,或脱落或逐渐干缩形成僵果。

13.葡萄炭疽病是如何发生的?

葡萄炭疽病以菌丝体在当年生的病枝蔓表层组织及病果上越冬。以副梢带菌率最高,其次为果穗、结果蔓、卷须、僵果以及地面落果。来年春季,遇到适宜的温度及雨水的传播,可侵染幼果及当年抽新梢等幼嫩组织,侵染

葡萄炭疽病

葡萄炭疽病早期症状

后呈潜伏状态。其在未成熟果上潜伏期可达30天以上，而在成熟果上仅3天左右。其原因是果实不成熟，酸度高，菌丝不能正常发育，因而病斑不能形成。7—8月份高温多雨后田间开始陆续出现病斑，每下一次雨，出现一批病斑，特别是果实着色后病斑大量出现，病果迅速腐烂。若药剂防治不及时，几乎无收成。

葡萄炭疽病高温高湿条件下易发病，果实着色期就在高温季节，因此雨水就是制约因子。多雨的年份和地区，果园排水不良、地下水位高、间作物或杂草丛生的果园，发病更加严重。不同品种间对炭疽病的抗病性差异极大。一般果皮薄发病严重，早熟品种可避病，而晚熟品种往往发病严重。

14.如何防治葡萄炭疽病?

(1)结合冬季修剪，清除留在植株和支架的副梢等，并及时清除枯枝落叶。

(2)化学防治。

树体春芽萌动前喷0.3%五氯酚钠加3波美度的液体石硫合剂或45%晶体石硫合剂30倍液混合液1次，以铲除潜伏在枝蔓表层组织内的越冬病原。

6月上旬开始喷10%苯醚甲环唑水分散粒剂600~1000倍液、40%腈菌唑可湿性粉剂4000~6000倍液、12.5%烯唑醇可湿性粉剂2000~3000倍液、25%咪鲜胺乳油800~1500倍液。喷药的重点部位是结果母枝，其次是新梢、叶柄和卷须。

15.怎样识别葡萄灰霉病?

葡萄灰霉病的发生危害一般多在花期、成熟期和贮藏期。但在南方冬、春多雨的地区,早春也侵染葡萄的幼芽、新梢和幼叶,导致干枯。不同时期灰霉病的症状表现为:

花期症状:在晚春和花期,叶片被侵染后会在叶片的边沿、比较薄的地方形成大的病斑,一般病斑多为不规则形状、红褐色。在花帽脱落前(开花前至开花),病菌还可以侵染花序,造成腐烂或干枯,而后脱落。开花后期,病菌会频繁侵染逐渐萎蔫的花帽、雌蕊和败育的幼果,如果遇到特殊气候,它们会黏贴在果穗和穗轴上并开始形成小型的褐色病斑,之后病斑颜色逐渐加重变为黑色。夏末,这些病斑发展成围绕果梗或穗轴一圈的病斑,在气候干燥时果穗萎蔫,气候湿润时产生霉层导致整个果穗的腐烂。

成熟期症状:进入成熟期,灰霉病病菌可以通过表皮和伤口直接侵入果实。比较紧的果穗,果实互相挤压,先通过相邻的果粒传染,然后霉层会逐渐侵染整个果穗。白色品种葡萄果粒被感染,果粒变褐色;有色葡萄品种被侵染,果粒变红色,果实表面形成鼠灰色的霉层。

贮藏期症状:对于鲜食葡萄,被侵染的果穗在低温贮藏期间,穗轴可以发展成湿腐,并逐渐被褐色霉层覆盖,这些霉层有时可以产生分生孢子;被侵染的果粒,会形成褐色圆形病斑,并逐渐发展到整个果粒,病斑的表皮易被擦掉。

16.葡萄灰霉病是如何发生的?

葡萄灰霉病是由灰葡萄孢菌(*Botrytis cinerea*)引起的真菌性病害。病菌以菌核、分生孢子及菌丝体随病残组织在土壤中越冬。有些地方,病菌秋天在枝蔓或僵果上形成菌核越冬,也可以菌丝体在树皮和冬眠芽上越冬。菌核和分生孢子抗逆性很强,越冬以后,第二年春天条件适宜时,菌核即可萌发产生新的分生孢子,新老分生孢子通过气流传播到花序上,在有外渗物作

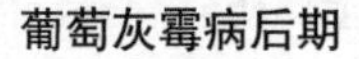

葡萄灰霉病后期

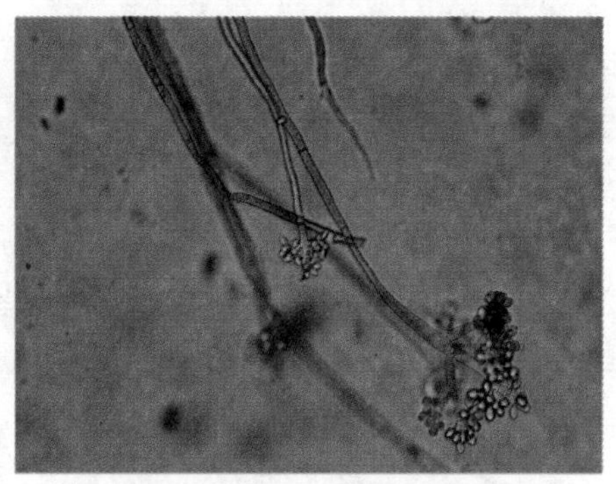

葡萄灰霉病菌分生孢子显微照片

营养的条件下，分生孢子很易萌发，通过伤口、自然孔口及幼嫩组织侵入寄主，实现初次侵染。侵染发病后又能产生大量的分生孢子进行再次和多次侵染。

该病发生与温湿度关系密切。分生孢子萌发的温度范围为1℃~30℃，适宜温度为18℃。分生孢子只能在有游离水或至少90%的相对湿度条件下萌发，雨、雾、露珠及高湿度最适病菌孢子的萌发及侵染。侵染的速度取决于温度、湿度及果皮外界是否存在露水。如果果皮上存有水分，病菌可以不通过伤口而直接侵染，在12℃以下侵染需12~24小时，在2℃以下为18~36小时。只要孢子萌发所需要的湿度满足时，低温并不能阻止孢子萌发。由于灰霉菌可以在0℃以下存活，所以它也是葡萄贮藏期最严重的病害。

在葡萄贮藏过程中，灰霉病的侵染是从穗梗开始的，穗梗表皮组织对病菌的抗性远低于果粒。葡萄采收后，穗梗由于水分急剧蒸腾而很快萎缩，这时霉菌即开始在穗梗的病部和枯死部位急剧发展，然后经过表皮组织而进入浆果内部，霉菌在危害中央维管束及相邻的果肉之后，便使浆果脱落，而后全部腐烂。

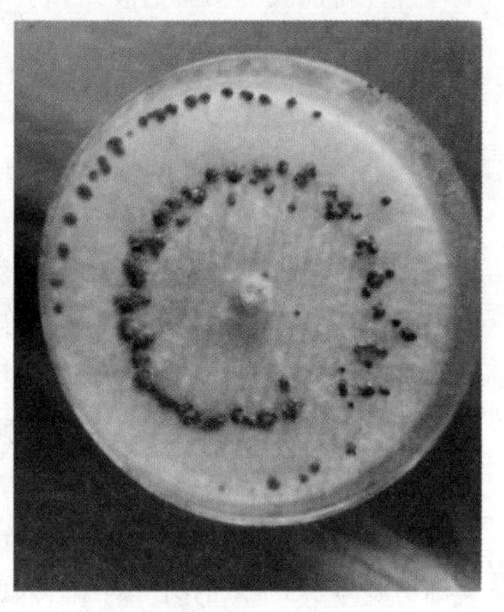

葡萄灰霉病菌形成的菌核

17. 如何防治葡萄灰霉病?

(1)减少菌源。结合秋、冬修剪,清除病枝及感病的果粒、果穗和叶片等病残体,清扫地面的枯枝落叶,集中烧毁。葡萄生长期,对初发病的叶片和花序应及早发现,将其摘除深埋。

(2)果园管理。及时绑蔓、摘心、剪除过密的副梢、卷须、花穗、叶片等。避免过量施用氮肥,增施钾肥。防止植株徒长、架面枝叶过密、郁闭。提倡节水灌溉、覆膜和果实套袋栽培,降低湿度,控制病菌传播。保护地内应特别注意放风降湿。温室葡萄灰霉病严重时,可进行高温闷棚,即在晴天中午闷棚2小时,温度控制在33℃~36℃左右,每10天闷1次,连续3次,可有效控制病害发展。

(3)选用抗病品种。在多雨及保护地栽培时,尽量不栽果皮薄、穗紧和易裂果的品种。

(4)药剂防治。花穗抽出后,可喷洒500克/升异菌脲悬浮剂750~1000倍液;400克/升嘧霉胺悬浮剂1000~1500倍液;50%多菌灵800倍液;50%多霉灵可湿性粉剂500~1000倍液;80%嘧霉胺·异菌脲(灰克)4000倍液等杀菌剂。要注意交替轮换用药。

18. 怎样识别葡萄褐斑病?

褐斑病有两种:大褐斑病和小褐斑病。大褐斑病是由葡萄假尾孢菌侵染引起,主要为害叶片,侵染点发病初期呈淡褐色、不规则的角状斑点,病斑逐渐扩展,直径可达1厘米,病斑由淡褐变褐,进而变赤褐色,周缘黄绿色,严重时数斑连接成大斑,边缘清晰,叶背面周边模糊,后期病部枯死,多雨或湿度大时发生灰褐色霉状物。有些品种病斑带有不明显的轮纹。

小褐斑病为束梗尾孢菌寄生引起,侵染点发病出现黄绿色小圆斑点并逐渐扩展为2~3毫米的圆形病斑。病斑部逐渐枯死变褐进而变茶褐色,后期叶背面病斑生出黑色霉层。

该病害一般多在树体自下而上发展，病叶枯黄，受害严重时叶片干枯脱落，引起葡萄早期落叶。

19.葡萄褐斑病是如何发生的？

该病仅为害叶片，病菌以孢子和菌丝体在被害叶片上越冬，第二年借风雨传播。病菌在高温多湿的环境下繁殖迅速。大褐斑病病菌分生孢子寿命长，可在枝蔓表面附着越冬。在高湿条件下萌发，从叶背面气孔侵入，潜育期约20天。北方地区多在6月份开始发病，如甘肃一般6月中下旬可见少量病斑，7—9月为发病盛期，多雨年份可多次重复侵染，造成大发生。在南方，如江苏、浙江、上海有两次发病高峰，第一次在6月，第二次在8月。小褐斑病的发生与大褐斑病相似。

20.如何防治葡萄褐斑病？

（1）葡萄采收后，彻底清除枯枝落叶减少病源。平时注意田园卫生，发病初期随时摘除病叶，以防病害扩大侵染。

（2）合理施肥，增施多元素复合肥，以增强树势，提高树体抗病能力。科学整枝，及时摘心整枝，保持架面通风透光。

（3）喷药防治。发芽前喷3~5度石硫合剂；发病严重的地区结合其他病害防治，6月份可喷1次等量式200倍波尔多液，7—9月间可用500倍50%多菌灵，600~800倍百菌清或800~1000倍70%甲基硫菌灵交替喷药防治，每10~15天1次，连续2~3次。65%的代森锰锌对一些葡萄品种有药害，使用浓度应控制在1000~1200倍，或者选用50%异菌脲可湿性粉剂1000~1500倍液、77%硫酸铜钙可湿性粉剂600~800倍液、80%多菌灵可湿性粉剂1000~1400倍液等交替施用。

21.怎样识别葡萄白粉病?

葡萄白粉病可为害葡萄的叶片、叶柄、新梢、卷须、花穗、穗轴和果实等幼嫩器官及所有绿色部分。

叶片发病时,最初失绿,随后在叶片表面形成白色粉质病斑,以后病斑变成灰白色,上面布满一层白粉,即病菌的菌丝和子实体。病斑轮廓不清、大小不等,叶面皱缩不平。一个叶片常同时发生多个病斑,后期相互联合,占据整个叶片,严重时叶卷曲、干枯脱落。

果粒发病时,首先是在果面上出现有一层稀薄灰白色粉状物病斑。病斑圆形或椭圆形,后期可布满大半个果粒甚至整个果粒,擦掉表面白粉,可见果面组织呈暗褐色星芒状或网状、花纹状坏死。病果生长受阻,着色不良,硬化畸形,纵向开裂,果肉外露,极易腐烂。

新梢、卷须、穗轴和叶柄发病后,均在组织表面长出灰白色或暗褐色粉状物,病组织暗色、变脆、畸形。花穗在开花前后也可受白粉病菌侵染,造成坐果不良。

在许多葡萄栽培地区,寄生在葡萄各组织器官上的白粉病菌后期会形成黑色、分散的球状小颗粒,即病菌有性阶段的闭囊壳。

22.葡萄白粉病是如何发生的?

葡萄白粉病危害叶片早期症状

葡萄白粉病以菌丝体在病组织内或芽鳞下越冬,春季条件适宜时,产生分生孢子,借风力传播。落到寄主表面上的分生孢子萌发后可直接从表皮侵入寄主组织的表皮细胞,吸取营养。分生孢子的萌发温度为4℃~35℃,适宜温度是25℃~28℃,耐干旱,湿度低时也可萌发,分生孢子夏季闷热或温暖多云的天气条件下发病最快。甘肃

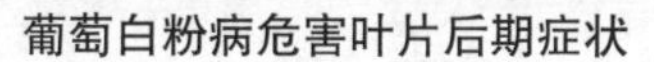
葡萄白粉病危害叶片后期症状

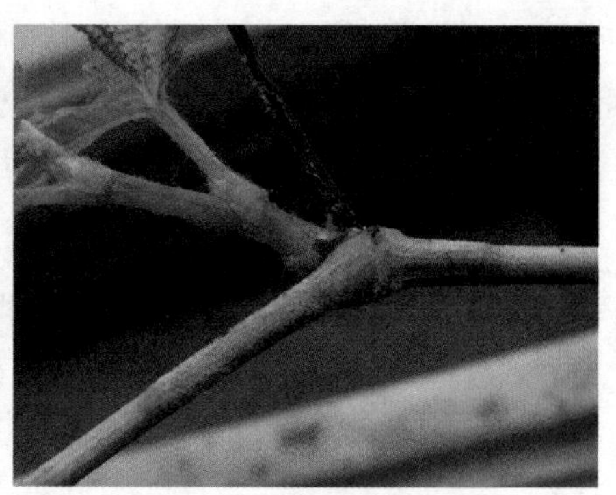

葡萄白粉病危害枝条症状

一般在7月上、中旬开始发病，7月下旬至8月下旬为发病盛期。此外，栽植过密、氮肥过多，通风透光不良和湿热条件均有利于病害的蔓延流行。

23.如何防治葡萄白粉病?

（1）选用抗病品种。常发重病果园，注意选择抗病品种。

（2）清除菌源。秋后结合修剪尽可能剪除病梢、病芽、病果穗及其他病残体，彻底清扫枯枝落叶，去除树干老皮，集中烧毁。在葡萄生长季节，及时剪除发病的枝叶和果穗等集中深埋。在葡萄发芽前，可于葡萄枝蔓上喷洒3~5波美度石硫合剂或五氯酚钠300倍液的混合液以杀灭表面病菌。

葡萄白粉病危害果实

葡萄白粉病叶部症状

(3)果园管理。及时绑蔓、整枝、摘心,剪除多余副梢、叶片及卷须等,保持架面通风透光。合理肥水,增强树势避免偏施氮肥。

(4)化学药剂防治。开花前、落花后至套袋前是防治白粉病的关键时期。可选用10%己唑醇微乳剂0.02~0.03克/千克、4%嘧啶核苷类抗菌素水剂0.1克/千克、36%甲基硫菌灵悬浮剂800~1000倍液、75%百菌清可湿性粉剂600~700倍液、3~5Be(波美度)石硫合剂水剂等药剂喷雾、250克/升嘧菌酯(阿米西达)悬浮剂1000~2000倍液。

24.怎样识别葡萄穗轴褐枯病?

葡萄穗轴褐枯病主要为害葡萄花序的花梗、果穗的果枝和穗轴。穗轴、花梗受害,初为褐色水渍状病斑,后逐渐发展为深褐色、稍凹陷的病斑,湿度大时病斑上可见褐色霉层。如小分枝穗轴发病,当病斑环绕1周时,其着生的花蕾或幼果也将随之萎缩、干枯、脱落。发生严重时,几乎所有的花蕾或幼果全部落光。

谢花后的小幼果受害,表面产生黑褐色、圆形斑点,湿度大时有黑色霉层。病变仅限于果粒表皮,随着果实增大,病斑结痂脱落,对生长影响不大。

25.葡萄穗轴褐枯病是如何发生的?

葡萄穗轴褐枯病是一种真菌性病害,其病菌的越冬场所广泛,主要以菌丝体或分生孢子在病残体、枝蔓的表皮、芽鳞、架材和土壤等场所越冬。第二年春季,当温、湿度适宜时,越冬的病菌开始活动,产生大量分生孢子,在开花期,孢子借风雨传播到花穗上,开始进行初次侵染。以后,条件适宜,病菌可进行再次侵染,直至幼果期。穗轴褐枯病的发生与否及其为害程度取决于葡萄花序伸出至开花前后的温、湿度条件,此时若阴雨连绵,大量降雨,气温偏低,则花序的幼嫩组织有利于病菌侵染和病害发生。葡萄园内地势低洼,管理不善,架面郁闭度大,通风透光不良,小环境内湿度较高,都适于病害发生。

一般而言,幼龄树或树势健壮发病轻,而老龄树、弱树则发病重。葡萄的不同品种对病害的感病程度有明显差异,巨峰、红富士发病最重。

26.如何防治葡萄穗轴褐枯病?

(1)清除菌源。秋季结合修剪,尽量剥除树干老皮,清扫枯枝落叶及杂草,将其集中烧毁或深埋,以清除越冬菌源。春季,葡萄出土后至萌芽前,可在结果母枝上喷洒3~5波美度石硫合剂或混加0.3%的五氯酚钠,必要时可喷洒所有枝蔓,对防治病害具有良好效果。

(2)果园管理。葡萄抽穗到幼果期的管理十分重要,此时特别注意及时绑蔓,剪除多余副梢,防止架面郁闭,保持通风透光。有条件的地方可实施节水灌溉,如微、滴灌、渗灌和小管促流等,也可进行覆膜,膜下灌水,避免大水漫灌,尽量控制园内湿度。

(3)药剂防治

开花前后进行防治,喷药时一定要将药剂均匀喷洒在花序穗轴上,主要药剂有20%苯醚甲环唑3000倍液、80%戊唑醇6000倍液、70%甲基硫菌灵可湿性粉剂800倍液、50%多菌灵可湿性粉剂500~600倍液。

27.怎样识别葡萄白纹羽根腐病

葡萄白纹羽根腐病主要危害葡萄的根部,幼树和老树均可受害,通常病根表面覆盖一层白色至灰白色的菌丝,有的菌丝在根颈组织上聚集呈绳索状的"菌索"。根部受害先是危害较细小的根,逐渐向侧根和主根扩展,被害根部皮层组织逐渐变褐腐烂后,横向向内扩展,可深入到木质部。受害严重的植株可造成整株青枯死亡,一般幼树表现明显,多年生大树死亡较缓慢。当部分根系受害后,即引起树势衰弱、发育不良、枝叶瘦弱、发芽延迟、新梢生长缓慢,似缺肥。由于病树根部受害腐烂,故病株易从土壤中拔起。病树有时易于地表处断裂,根际土壤可见灰白色菌丝层,下面的根皮变黑,易脱落。

28. 葡萄白纹羽根腐病是如何发生的?

葡萄白纹羽根腐病的病菌在土壤中生存,潮湿和有机质丰富的土壤适宜病菌的生长繁殖。病菌主要以菌丝侵染植物的根部,病菌生长的最适宜温度为22℃~28℃,气温在31℃以上时不能生长。病菌的远距离传播主要靠带菌苗木等繁殖材料和未腐熟的农家肥料等,近距离传播蔓延主要靠菌丝的生长和根系间交叉接触传染。病菌的寄主范围非常广泛除危害葡萄外,还可侵染其他果树、花卉、园林树木和蔬菜等34科60余种植物。在葡萄园土壤黏重、透气性不良、湿度较大等条件下易发生。

29. 如何防治葡萄白纹羽根腐病?

(1)加强田园管理。每年入冬前要施足充分腐熟的有机肥料,促进根系发育良好,提高根系的抗病能力。干旱时及时灌水,雨后及时排水,以防止果园积水,根系受淹。精细土壤耕作,加深熟土层,保持土壤通气性良好,创造有利于根系生长而不利于病菌生长发育的条件;防治地下害虫,冬季搞好防寒保护,尽可能地减少根部伤口的产生。

(2)苗木消毒。新栽植的苗木最好进行消毒处理,常用药剂是50%苯菌灵600~1000倍液。

(3)土壤消毒。为防止病害扩展蔓延,对发病的植株可采用药剂灌根,以杀死土壤中的病菌,使植株恢复健康。常用的土壤消毒剂有:70%甲基硫菌灵800倍液,50%苯来特1000倍液,50%退菌特250~300倍液,1%硫酸铜溶液,以上药剂用量为每株葡萄浇灌10千克左右。具体处理方法是:将病株根部挖开晾出,切除病部后再用药剂处理根部及周围土壤,然后用土覆盖。采用此法可使病株症状消失,生长显著转旺。

(4)铲除病株。对无法治疗或即将死亡的重病株,应及时挖除,挖出的病残根要处理烧毁,周围的病土也应搬出园外,病穴用生石灰或70%甲基硫菌灵800倍液消毒,然后再选择无病健康的植株进行补栽。同时对邻近的植株采取药剂灌根，避免病害在田间进一步扩展蔓延。

30.怎样识别葡萄根癌病？

葡萄根癌病也叫冠瘿病或根头癌肿病，是世界上普遍发生的一种细菌病害。我国主要葡萄栽培地区均有分布，在北方冬季寒冷地区发病严重。重病园发病率有时高达50%~60%，甚至全园发生。得病后植株生长逐渐衰弱，产量下降，重者枝枯或整个树体枯死。

葡萄根癌病主要危害根颈处和主根、侧根及2年生以上的近地部主蔓。初期病部形成愈伤组织状的癌瘤，稍带绿色或乳白色，质地柔软。随着瘤体的长大，逐渐变为深褐色，质地变硬，表面粗糙。瘤的大小不一，有的数十个小瘤簇生成大瘤，老熟病瘤表皮龟裂，在阴雨潮湿条件下易腐烂脱落，并有腥臭味。受害植株因皮层及输导组织被破坏，生长不良，叶片小而黄，果穗小而少，果粒不整齐，成熟也不一致。病株抽芽少、长势弱，严重时整株干枯死亡。

31.葡萄根癌病是如何发生的？

病原癌肿细菌在肿瘤组织的皮层内越冬或当肿瘤组织腐烂破裂时，细菌混入土中，土壤中的癌肿细菌亦能存活1年以上。由于癌肿细菌的寄主范围广，因此，土壤带菌是病害主要来源。细菌主要通过雨水和灌溉流水传播。此外，蛴螬、蝼蛄等地下害虫和线虫等也可以传播细菌，而苗木带菌则是病害远距离传播的主要途径。细菌通过虫伤、机械伤、剪口、嫁接口及其他根病引起的损伤侵入，侵入后只定植于皮层组织，在寄生过程中分泌α-吲哚乙酸刺激周围细胞加速分裂，体积增大形成癌肿。寄主细胞变成癌瘤后，没有病菌仍能继续扩展。细菌从侵入到显瘤需数周到1年的时间，多为2~3个月。

该病发生主要与以下几个因素有关：

（1）寄主抗病性。不同的品种其抗病性有差异。黄金后、金玫瑰等抗病

性较差,易发病,奈加拉的抗性较强。

(2) 栽培管理。管理粗放、地下害虫和土壤线虫多以及各种机械损伤伤口多的果园发病较重,引进老头苗定植的果园发病亦较重。此外,插条假植时伤口愈合不好的切接苗发病重。

(3) 土壤状况。温湿度是影响根癌细菌侵染的主要条件,病菌侵染发病与土壤湿度成正相关。癌瘤扩展与温度关系密切,28℃时癌瘤长得快且大,高于31℃~32℃不形成,低于26℃形成慢且小。碱性土壤利于发病,酸性土壤对发病不利。土壤黏重,排水不良的地块发病重。

32.如何防治葡萄根癌病?

(1)严格检疫和苗木消毒。建园时禁止从病区引进苗木和插穗,若苗木中发现病株应彻底剔除烧毁。

(2)铲除病株及土壤处理。在田间发现病株时,可先将根周围的土扒开,切除癌瘤,然后涂抹高浓度石硫合剂或波尔多液,并用1%硫酸铜液消毒土壤。对重病株要及时挖除,彻底消毒周围土壤。

(3)加强田园管理。多施有机肥,适当施用酸性肥料,使其不利于病菌生长。农事操作时防止伤根,并合理安排病区与无病区的排灌水流向,以减少人为传播。

33.怎样识别葡萄扇叶病?

葡萄扇叶病是葡萄生产中危害严重的病毒性病害之一。葡萄扇叶病表现症状较为复杂。由于病毒的不同株系、葡萄的不同品种和不同环境条件的差异,使症状表现变化较大。主要有3种症状类型:

(1)扇叶症状

由变形病毒株系引起。感病植株矮化或生长衰弱,其典型特征为叶片变形,严重扭曲,皱缩,叶缘锯齿尖锐,主脉集中成扇状。新梢也变形,表现为不正常分枝、双芽、节间长短不等或极短、带化或弯曲等。果穗少,穗型小,成熟期不整齐,果粒小,坐果不良。叶片在早春即表现症状,并持续到生长季节结束。夏天症状稍退。

(2)黄化叶症状

是在早春与扇叶并发的一种症状,由产生色素的病毒株系引起。病毒可侵染植株全部生长部分,包括叶片、新梢、卷须、花序等。叶片感病,先出现一些散生的黄色斑点后发展为黄圆斑或线条斑的各种斑驳。斑驳可跨过叶脉或限于叶脉,严重时全叶黄化,直到整个叶片脱落。

(3)黄脉叶症状(镶脉或称脉带)

该症状由产生色素的病毒株系所引起。叶片发病时,叶脉呈现黄色、白色褪绿斑纹,逐渐向脉间扩展,使叶脉呈褪绿宽带,透光可见半透明状,有时伴有轻微畸形。这种褪绿现象一般在夏季中后期出现,通常只是少数叶片表现症状。

34.葡萄扇叶病是如何发生的?

葡萄扇叶病病原属于线虫传多面体病毒组葡萄扇叶病毒。线虫传多面体病毒传播的共同特点是介体线虫从葡萄根部获得病毒,当把病株挖除后,遗留在土壤中的病根残体仍可存活一段时间,因而可继续为土中的媒介线虫提供毒源,所以土壤仍有传染能力。此外,带毒线虫本身可保持传毒能力达数月之久。

葡萄扇叶病

葡萄扇叶病

葡萄扇叶病毒随活体病株越冬。病毒可通过汁液、嫁接和线虫传播，葡萄种子不传播扇叶病毒，带毒株是病害的主要侵染来源。此病的近距离传播主要是靠修剪工具、植株间的接触摩擦和土壤线虫等，远距离传播主要是通过带毒苗木、砧木、插条和接穗等繁殖材料。葡萄扇叶病的天然寄主范围仅限于葡萄属植物，自然条件下，病害在葡萄园内围绕发病中心呈圆形向外扩展蔓延，带毒线虫随砧木或苗木从苗圃向大田扩散，并可随灌溉水蔓延。

35.如何防治葡萄扇叶病?

(1)繁育和栽植无病毒苗木。繁殖和栽植无病毒苗木是防治葡萄扇叶病的最根本措施。在繁育无病毒苗木时主要把握如下几个步骤:

①通过种子繁殖砧木。

②通过热处理和茎尖组织脱毒培养。

③通过ELISA(酶联免疫吸附测定法)或RT-PCR(反转录聚合酶链扩增反应)方法进行病毒检测和鉴定。

④建立无病毒母本园，提供无毒繁殖材料。

⑤建立无病毒苗木繁育圃，通过嫁接、扦插等方法快速繁育无病毒苗木，及时供应于生产。

(2)加强植物检疫。在无病地区或新建葡萄园，应当对调入的苗木及繁殖材料严格执行检疫制度，避免病毒的引入和扩散，

(3)消灭中心病株。在葡萄园内应认真观察，发现病株及时拔除、销毁，并对土壤进行局部消毒处理，以杀灭传毒线虫。

36.怎样识别葡萄酸腐病?

可以用六句话来概括：一是有烂果，即发现有腐烂的果粒，如果是套袋葡萄，在果袋的下方有片状深色湿润(习惯称为尿袋)；二是有类似于粉红色的小蝇子(醋蝇，体长4毫米左右)出现在烂果穗周围；三是有醋酸味；四是正在腐烂、流汁液的烂果，在果实内可以见到白色的小蛆；五是果粒腐烂后，腐

葡萄酸腐病1

葡萄酸腐病2

烂的汁液流出,会造成汁液经过的地方(果实、果梗、穗轴等)腐烂;六是果粒腐烂后,果粒干枯,干枯的果粒只剩果实的果皮和种子。

37.葡萄酸腐病是如何发生的?

葡萄酸腐病通常是由醋酸细菌、酵母菌、多种真菌、果蝇幼虫等多种微生物混合引起的。严格讲,酸腐病不是真正的原发性病害,应属于二次侵染性病害。首先是由于伤口的存在,从而成为真菌和细菌的侵染存活和繁殖的初始因素,并且引诱醋蝇来产卵。爬行、产卵的过程成为传播病原细菌的方式。

引起酸腐病的主要病原是酵母菌。空气中酵母菌普遍存在,其来源不是问题。另一病原是醋酸细菌,当酵母把糖转化为乙醇后,醋酸细菌又把乙醇氧化为乙酸,乙酸的气味引诱醋蝇,醋蝇、蛆在取食过程中接触细菌,在醋蝇和蛆的体内和体外都黏附有细菌。

醋蝇是酸腐病的传病介体。传播途径包括:在果粒上爬行、产卵过程中传播病菌。取食后病菌经过肠道后照样能存活,故醋蝇具有很强的传播病害的能力。在高温高湿和空气不流通时,经常是果穗内先个别果粒开始腐烂,烂果粒的果汁流滴至其他果粒上,迅速引起其他果粒的果皮开裂,进而加剧病原和果蝇的传播为害,引致病害的发生和流行。

酸腐病的发生轻重主要与以下几个方面有关:

(1)寄主抗病性:不同品种对病害的抗性有明显的差异。巨峰受害最为严重,其次为里扎马特、赤霞珠、无核白、白牛奶等发生比较严重,红地球、龙眼、粉红亚都蜜等品种较抗该病。

(2)品种的混合栽植,尤其是不同成熟期的品种混合种植,能增加酸腐病的发生。酸腐病是成熟期病害,早熟品种的成熟和发病,往往为晚熟品种增加醋蝇基数,从而引起晚熟品种酸腐病的大发生。

(3)伤口。冰雹、刮风、虫咬、鸟啄等造成的伤口或病害、裂果等造成的伤口都容易引来病菌和醋蝇,从而造成病害的严重发生。

(4)气象因素和农业措施。雨水、喷灌和浇灌等可造成空气湿度过大,叶片过密,果穗周围和果穗内的高湿也会加重酸腐病的发生和为害。

(5)昆虫种群数量。醋蝇的大量繁殖会引起酸腐病的流行。

38.葡萄酸腐病如何防治?

(1)农业措施

①选用抗病品种。发病重的地区选栽抗病品种,尽量避免在同一果园混种不同成熟期的品种。

②及时摘除病穗。葡萄园要经常检查,发现病粒及时摘除,集中深埋。

③加强田园管理。增加果园的通透性(合理密植、合理叶幕系数等);葡萄的成熟期不能(或尽量避免)灌溉;避免果皮伤害和裂果;避免果穗过紧(使用果穗拉长技术);合理使用肥料,尤其避免过量使用氮肥等。

④慎用激素类药剂。在葡萄生长季节合理使用或不要使用激素类药物。

(2)化学药剂防治

①早期防治白粉病等病害,减少病害引发的伤口;幼果期使用安全性好的农药,避免果皮过紧或果皮伤害等。

②80%必备和杀虫剂配合使用,是目前酸腐病化学防治的有效措施。自封穗期开喷80%必备400倍液,使用量为0.4~0.6kg/公顷,10~15天喷1次,连喷3次。杀虫剂选择低毒、低残留、分解快的,如10%歼灭乳油3000倍

液或50%辛硫磷1000倍液，90%敌百虫1000倍液，1种杀虫剂只能使用1次，以减少醋蝇抗性。

39.怎样识别葡萄房枯病?

葡萄房枯病又名轴枯病、穗枯病和粒枯病，是引起葡萄果穗腐烂的病害之一。葡萄房枯病主要为害葡萄穗轴、果梗和果粒，严重时也可为害叶片及新梢。

果粒发病以靠近果梗部分为多。未成熟果粒呈现暗褐色到黑褐色圆形病斑，有重轮纹，发病部位和健康部位的边界明显。病部逐渐凹陷，内部出现黑色小粒点，即分生孢子盘，散生。着色后病斑呈暗赤褐色，后变褐色，可占大部分果面，穗轴、穗梗也会发病。叶片发病开始呈现褐色近圆形、直径1~1.5厘米的病斑，然后发生同心轮纹，发病部位和健康部位的边界明显。病斑逐渐变灰褐色，并长出黑色小粒点，这是病原菌分生孢子盘。每张叶片病斑数个至十多个不等，严重时病斑融合，沿叶脉扩大成大型病斑，后期引起落叶。叶柄发病出现椭圆形暗褐色、内部呈褐色、边缘黑褐色、稍凹陷的病斑。新梢发病最初出现轮廓不清的暗褐色斑点，后呈椭圆形，大小约1毫米×0.5毫米水浸状暗褐色病斑。随后凹陷，病斑扩展成纺锤形至椭圆形，大小约5厘米×2厘米，暗褐色至黑褐色。发病部位和健康部位的边界呈浅褐色、浸润状，边缘不明显。病斑内散生小黑点，即病原菌分生孢子盘，后期病斑龟裂。2年生以上枝蔓不形成病斑。

40.葡萄房枯病是如何发生的?

葡萄房枯病是由子囊菌亚门核菌纲球壳菌目囊孢壳属侵染发生的。病菌以菌丝、分生孢子器和子囊壳在病果或病叶上越冬。在露地栽培条件下，第二年5—6月间散发出分生孢子、子囊孢子，借风雨传播到果穗上，进行初次侵染。分生孢子萌发速度较快。发病最适宜温度范围为24℃~28℃，且湿度大(大于70%)也利于病害发生。葡萄果穗一般在6月中旬开始发病，果实近成熟期发病较重，高温多雨天气利于该病发生。设施栽培葡萄发病稍轻。

41. 如何防治葡萄房枯病?

(1)农业措施

①合理密度，科学修剪，适量留枝，合理负载，维持健壮长势，改善田间光照条件，降低小气候的空气湿度。

②深翻改土，加深活土层，促进根系发育；增施有机肥料、磷肥、钾肥与微量元素肥料；适当减少速效氮素肥料的用量，提高植株本身的抗病能力。

③铲除越冬病源。细致修剪，剪净病枝、病果穗及卷须；深埋落叶、及时清除病残体，进行深埋或烧毁；芽眼萌动时细致喷洒50Be石硫合剂+100倍五氯酚钠铲除越冬病菌。

④选用无滴消雾膜覆盖设施，设施内地面全面积地膜覆盖，并注意通风排湿，降低设施内空气湿度，使空气相对湿度控制在80%以下，抑制孢子萌发，减少侵染。

⑤果穗套袋，消除病菌对果穗的侵染。

⑥注意排水防涝，严禁暑季田间积水或地湿沤根，以免诱发植株衰弱，引起病害发生。

(2)化学药剂防治

生长季节每隔20天，喷雾1次240~200倍半量式波尔多液，以保护树体。并在两次波尔多液之间交替使用高效、低残留杀菌剂。药剂可选用50%代森锰锌可湿性粉剂500倍液，或者80%甲基硫菌灵可湿性粉剂1000倍液，或者70%克露可湿性粉剂700~800倍液，或者75%百菌清可湿性粉剂600~800倍液，或者50%退菌特可湿性粉剂600~800倍液，或者80%炭疽福美可湿性粉剂600倍液。

42. 怎样识别葡萄蔓枯病?

葡萄蔓枯病又称蔓割病、拟茎点霉蔓枯和叶斑病。主要为害葡萄枝蔓，也可为害叶片、叶柄和果实。枝蔓受侵染后，先产生红褐色或淡褐色不规则病斑，稍凹陷，后病斑扩大呈梭形或椭圆形，暗褐色，病部枝蔓纵向开裂是最典型的病症。枝蔓上可同时出现多个病斑，连成片状发生。主蔓发病后，可造成植株生长衰弱，叶片变黄萎蔫，病情发展迅速时，可使植株突然死亡。湿度大时，在病蔓上长出小颗粒状分生孢子器并释放分生孢子角。新梢、叶柄和卷须发病时，初生暗褐色、不规则小斑，病斑扩大后，病组织由暗褐色变为黑色条斑或不规则大斑，后期皮层开裂，组织变硬、变脆。叶片发病后，初现淡绿色或黄褐色圆形病斑，中央暗色，后期病斑呈褐色，发病叶片多沿叶缘部位叶缘反卷，有时可在叶脉上出现暗褐色至黑色坏死斑，致叶脉坏死、皱缩，病叶易脱落。果实发病，果面出现暗色不规则斑点，常多个发生，病斑扩大后引起果实腐烂，后期果实表面产生黑的小颗粒，即病菌的分生孢子器。

43. 葡萄蔓枯病是如何发生的?

葡萄蔓枯病主要以菌丝体和分生孢子器在病组织、树皮和芽鳞内越冬。春天，空气潮湿时，分生孢子器释放出分生孢子，借风、雨传播，开始初次侵染。分生孢子萌发温度为1℃~37℃，适宜温度23℃、相对湿度100%时病菌在48小时即可完成侵染，潜育期21~30天。天气干燥时病菌停止活动，待气候凉爽和湿度加大时病菌活动旺盛，若条件适宜，病菌可进行重复侵染。春秋冷凉、连续降雨、高湿和伤口是病害流行发生的关键。

病菌在葡萄园内的自然传播大多是局部的，远距离传播途径是带病的繁殖材料，地势低洼、架面郁闭、树势衰弱易发病。葡萄品种间抗病性差异较明显。

44. 如何防治葡萄蔓枯病?

（1）农业措施

①清除菌源。秋后结合修剪，尽量清除枯死蔓等病残体，集中销毁。

②繁殖材料消毒。对远距离引进的砧木、接穗、插条和苗木等繁殖材料

可用3波美度石硫合剂等处理。

③田园管理。对初发病器官及时剪除深埋。防止架面郁闭和园内湿度过高。刮除老枝蔓病组织后涂抹10波美度石硫合剂。

(2)化学药剂防治

在发芽前喷一次2~3波美度石硫合剂,杀灭在枝蔓上越冬地病菌。5—6月份及时喷药保护,常用药剂有1∶0.5~0.7∶160~240倍液波尔多液,80%大生M-45可湿性粉剂600~800倍液(生长季节只允许用1次),14%络氨铜水剂400~500倍液,50%琥珀肥酸铜可湿性粉剂500~600倍液等。

45.怎样识别葡萄黑腐病?

葡萄黑腐病主要发生在果实、叶片、叶柄和新梢上。果实被害后发病初期产生紫褐色小斑点,逐渐扩大后,边缘褐色,中央灰白色,稍凹陷,发病果软烂,而后变为干缩僵果,有明显棱角,不易脱落,病果上生出许多黑色颗粒状小突起,即病菌的分生孢子器或子囊壳。叶片发病时,初期产生红褐色小斑点,逐渐扩大成近圆形病斑,直径可达4~7厘米,中央灰白色,外缘褐色,边缘黑褐色,上面生出许多黑色小突起,排列成环状。新梢受害处生褐色椭圆形病斑,中央凹陷,其上生有黑色颗粒状小突起。黑腐病和房枯病,病菌形态上的主要区别:房枯病分生孢子比黑腐病的分生孢子狭而长,子囊孢子比黑腐病的大。

46.葡萄黑腐病是如何发生的?

黑腐病菌主要以子囊壳在僵果上过冬,也可以分生孢子过冬,夏季以子囊孢子借风雨传播,有适宜的水分和湿度即可萌发侵入。孢子萌发约需36~48小时,在22℃~24℃时萌发约需10~12小时。在果实上潜育期8~10天。分生孢子生活力很强。8—9月高温多雨和近成熟期发病严重。在南方,其消长规律同白腐病近似。

47.如何防治葡萄黑腐病?

(1)农业措施

①清除越冬病源。秋后彻底清扫果园落叶,集中烧毁或深埋,以消灭越冬菌源。

②及时排水,增施有机肥。加强葡萄的栽培管理注意果园排水并适当增施有机肥料,促使树势生长健壮,以提高抗病力。

(2)化学药剂防治

6—9月间可喷百菌清600倍液、50%多菌灵或甲基托布津800倍液以及1∶1∶200倍波尔多液。

48.怎样识别葡萄枝枯病?

葡萄枝枯病主要为害枝条,严重时也可为害穗轴、果实和叶片。当年生枝条染病多见于叶痕处,病部呈暗褐色至黑色,向枝条深处扩展,直达髓部,致病枝枯死。邻近的健康组织仍可生长,但形成不规则瘤状物,染病枝条节间短缩,叶片变小。果实上的病斑暗褐色或黑褐色,圆形或不规则形。

49.葡萄枝枯病是如何发生的?

葡萄枝枯病以菌丝体在病枝、叶、果、穗轴等病残体越冬,也可以分生孢子潜伏在枝蔓、芽和卷须上越冬。第二年春季,当温、湿条件适宜时,在病残体上的病菌形成分生孢子盘,继而产生分生孢子。分生孢子借气流、风雨传播,在具水滴或雨露条件下,分生孢子经4~8小时即可萌发,经伤口或由气孔侵入,引起发病。多雨、潮湿天气、阴暗郁闭的葡萄架面和各种伤口是病害发生流行的关键因素。雹灾后或接触葡萄架铁线部分的枝蔓易发病,氮肥施用过多、枝蔓幼嫩、架面郁闭易发病。

50. 如何防治葡萄枝枯病?

(1)农业措施

加强葡萄园管理。清除落叶,集中烧毁或深埋,减少越冬菌源。葡萄生长期注意排水,适当增施有机肥,增强树势,提高植株抗病力。

(2)化学药剂防治

可结合防治葡萄其他病害,在发芽前喷一次80%五氨酚钠200~300倍液+5波美度石硫合剂。在5—6月及时喷施1∶0.7∶200倍波尔多液、77%氢氧化铜可湿性微粒粉剂500倍液、50%琥胶肥酸铜可湿性粉剂500倍液、14%络氨铜水剂350倍液等药剂,间隔10~15天,连喷2~3次。

51. 怎样识别葡萄斑枯病?

葡萄斑枯病主要为害叶片。通常每张叶片上有3~5个小病斑,多的可达数十个,几个病斑连成一个不规则的大病斑后,叶片破裂穿孔,导致早期落叶。发病初期,在叶脉间出现多个红褐色至黑色的小斑点,后期病斑逐渐扩大,病斑呈圆形、角形或不规则形斑,病斑边缘组织褪绿,上面长出暗褐色小颗粒,即病菌的分生孢子器。与褐斑病的不同是在病部产生暗褐色小颗粒,而褐斑病在病部产生霉状物。

52. 葡萄斑枯病是如何发生的?

不详。

53. 如何防治葡萄斑枯病?

葡萄斑枯病一般不必进行特殊防治,结合葡萄白腐病的防治即可。必要时可使用25%甲·腈可湿性粉剂600~800倍液喷雾。

54.怎样识别葡萄煤点病?

葡萄煤点病可在葡萄的果粒、果梗、穗轴、叶片、叶柄及枝蔓上发生。当果粒长大开始变软时,果面出现直径0.5~1毫米的小黑点,散生像蝇粪状。不危害果肉,病果粒不腐烂。但绿色果面有明显黑点,病害孢子散落在果面上,萌芽后菌丝分泌分解酶将果粉分解,菌丝体即覆盖果面,当果粉消失后,有损果粒外观。新梢发病也会出现小黑点。

55.葡萄煤点病是如何发生的?

葡萄煤点病以菌丝体在葡萄枝蔓上越冬。越冬菌丝于第二年形成分生孢子是病害初次侵染来源。多雨是引起该病的主要原因。

56.如何防治葡萄煤点病?

(1)农业措施

秋后彻底清扫果园落叶,集中烧毁或深埋,以消灭越冬菌源。加强葡萄的栽培管理,注意果园排水,适当增施肥料,促使树势生长健壮,以提高抗病力。

(2)化学药剂防治

在发病初期结合防治黑痘病、炭疽病等,喷0.5%石灰半量式波尔多液或65%代森锌500~600倍液,每隔10~15天喷1次,连续喷2~3次,就有良好的防治效果。由于病害一般从植株下部叶片开始发生,以后逐渐向上蔓延。因此,前两次喷药要着重喷植株下部的叶片。

57.怎样识别葡萄煤污病?

葡萄煤污病又称煤烟病,可在葡萄的果粒、果梗、穗轴、叶片、叶柄及枝蔓上发生。煤污病发生初期也呈暗褐色小斑点,病斑不断扩大后连成一片,有时可将整个叶片覆盖,在枝蔓、穗轴、果梗及叶柄部位有时病菌积聚成堆。病部表面密生一层煤烟状物,即病菌的菌丝体及子实体。病斑边缘不清晰,病部用手擦后颜色易脱落,但受害组织仍有变色之症。

58.葡萄煤污病如何发生的?

葡萄煤污病多在葡萄开花后发生,直至葡萄收获。病菌的寄主范围较宽,多以菌丝和分生孢子器等在寄主上越冬。第二年,温度适宜时,病菌的分生孢子可借气流、雨水和昆虫等进行传播,在葡萄植株表面寄生,之后病菌可进行重复侵染,不断发病。大量降雨和葡萄园内高湿条件是病害发生与流行的重要因素。害虫的分泌物可诱发病害的发生。

59.如何识别葡萄芽枯病?

葡萄芽枯病主要为害葡萄芽眼,严重时也可伤及芽眼附近的枝蔓。越冬的休眠芽受害后,春季芽眼不能膨大和萌发,最初肉眼看不见异常表现,可用刀削去受害芽眼,可见芽下及周边木质部组织变褐。在当年新蔓上的芽受害后,初见芽表面变成暗褐色,后期转为黑色,随着病情的发展,芽眼周围出现暗褐色坏死斑,并不断扩大,沿枝蔓纵、横向扩展,后期病斑环绕芽节部枝蔓一周或形成沿枝蔓纵向蔓延至数厘米的大型坏死斑,病组织稍缢缩,芽眼周围组织龟裂。发病轻时,枝蔓上一个芽眼受害,俗称"瞎眼",严重时一条枝蔓上同时有多个芽眼受害,甚至造成整个结果母枝枯死。

60.葡萄芽枯病是如何发生的?

病菌主要以菌丝体和分生孢子器在病残组织内越冬。第二年春季温度升高后,越冬的分生孢子器遇雨便释放出分生孢子,分生孢子借气流、雨水和昆虫传播,通过伤口侵染新梢的芽部,进行初次侵染。病菌旺盛活动的适宜温度为18℃~25℃。一般,病菌建立侵染后,大多具有较长时间的潜伏期,当年不发病,待葡萄越冬后,第二年春季开始表现症状。但特殊年份如秋季遇高温、多雨,空气湿度较大时,也可发病并表现症状。高温、多雨、高湿是病害流行的关键因素,夏季多雨、葡萄园架面郁闭、湿度较大时有利于病害发生。

61.如何防治葡萄芽枯病?

(1)农业措施

①清除菌源。秋后,结合修剪,清除葡萄园内的枯枝落叶。早春,葡萄萌发后,对未萌发的病枝尽量剪除,集中销毁或深埋。

②田园管理。及时绑蔓和夏剪,去除多余的叶片、卷须和副稍,保持架面通风透光,防止郁闭。提倡节水灌溉,如微灌、滴灌、渗灌等,也可进行覆膜,膜下灌水,避免大水漫灌,尽量控制好园内湿度。

(2)化学药剂防治

结合葡萄黑痘病、褐斑病及蔓枯病等防治即可,一般不进行特殊药剂处理。

62.如何识别葡萄环纹叶枯病?

葡萄环纹叶枯病主要为害叶片,病害初发时,叶片上出现黄褐色,圆形小病斑,周边黄色,中央深褐色,可见轻微环纹。病斑逐渐扩大后,同心轮纹较为明显。病斑在叶片中间或边缘均可发生,一般一片叶上同时出现多个病斑。天气干燥时,病斑扩展迅速,多呈灰绿色或灰褐色水浸状大斑,后期病斑中部长出灰色或灰白色霉状物,即病菌的分生孢子梗和分生孢子。病斑相连形成大型斑,严重时3~4天扩至全叶,致叶片早落。受害严重叶片叶脉边缘可见黑色菌核。

63. 葡萄环纹叶枯病是如何发生的?

病菌一般以菌核和分生孢子在病组织内越冬,作为第二年病害的初侵染源。越冬的病菌于早春气候适宜时形成分生孢子等繁殖体,借雨水传播,侵染幼嫩叶片。低温、冷凉、多雨、少日照、潮湿是病害流行的主要因素。葡萄于近收获期易感病,此时若遇适宜条件,将会大量发病。不同葡萄品种间感病性有一定差异,一般意大利品种发病较重。

64. 如何防治葡萄环纹叶枯病?

(1)农业措施

葡萄收获后,清除葡萄园内枯枝落叶等病残体,集中销毁。注意修剪,保持通风透光良好,降低园内湿度。

(2)化学药剂防治

发病初期,可结合白腐病和炭疽病等病害防治,在枝叶上喷施下列药剂:50%腐霉利可湿性粉剂2000~2500倍液、50%异菌脲可湿性粉剂1000~1500倍液、50%乙烯菌核利可湿性粉剂1500倍液等均匀喷施,间隔10~15天1次,连喷3~4次,对病害有较好的防治效果。

65. 如何识别葡萄锈病?

葡萄锈病也是一种真菌性病害,在我国北方葡萄产区多零星发生,一般为害不重。在夏季高温多湿的南方地区,是常见的葡萄病害之一。此病主要为害叶片，叶片被害处叶正面出现黄绿色病斑，叶背面则产生橙黄色夏孢子堆，成黄色粉末状，后期在病斑处产生黑褐色多角形斑点即冬孢子堆。病斑在叶脉附近及叶缘处较多。有时也可见到葡萄叶柄、嫩梢和穗轴上出现夏孢子堆。病害严重时可造成叶片枯萎、早落，果实着色不良、成熟延迟，影响枝条成熟，第二年葡萄发芽不整齐。

66.葡萄锈病是如何发生？

此病主要以冬孢子、夏孢子借风雨传播，以冬孢子在落叶上过冬。此病在北方多在秋季发生，8—9月为发病盛期。在长江以南地区，于6月下旬先为害近地面的葡萄叶片。7月中下旬梅雨结束后，气候高温干燥，夏孢子靠风传播，落在叶片上后，7天内便出现病斑，病情转剧。8—9月继续侵染，流行很快。病叶黑褐色枯死，造成早期落叶。不同葡萄品种的感病程度差异显著，一般欧洲种葡萄较抗病，欧美杂交种葡萄较为感病。

67.如何防治葡萄锈病？

(1)农业措施

①选用抗病品种。在常年发病较重的地区，应重点考虑栽植抗病性较强的欧洲种葡萄品种。

②清除菌源。葡萄完全落叶后，彻底清扫枯枝落叶，集中烧毁或深埋。

③田园管理。及时绑蔓和夏剪，去除多余的叶片、卷须和副稍，保持架面通风透光，防止郁闭，对初发病叶片及时剪除深埋，提倡秋季增施优质农家肥。

(2)化学药剂防治

在葡萄越冬前和出土后至发芽前于枝蔓上喷洒3~5波美度石硫合剂。一般波尔多液、碱式硫酸铜等铜制剂均对该病害有较好的防治作用。发病初期喷洒40%灭病威300倍液；2%农抗120，浓度为200倍液。发病严重时，可喷洒10%世高1500~2000倍液、43%好力克3000~4000倍液、20%三唑酮·

硫悬浮剂1500倍液。

68.如何识别葡萄卷叶病?

卷叶病发生于葡萄的所有品种。症状随品种、环境和季节而异。春季的症状较不明显,病株比健株矮小,萌发迟。在非灌溉区的葡萄园,叶片的症状始见于6月初,而灌溉区迟至8月份。红色品种在基部叶片的叶脉间先出现淡红色斑点,夏季斑点扩大、愈合,致使脉间变成淡红色,到秋季,基部病叶变成暗红色,仅叶脉仍为绿色。白色品种的叶片不变红,只是脉间稍有褪绿。病叶除变色外,叶变厚、变脆,叶缘下卷。病株果穗着色浅,如红色品种的病穗色质不正常,甚至变为黄白色。从内部解剖看,在叶片症状表现前,韧皮部的筛管、伴随细胞和韧皮部薄壁细胞均发生堵塞和坏死,叶柄中钙、钾积累,而叶片中含量下降,淀粉则积累。症状因品种而异,少数品种如无核白的症状很轻微,仅在夏季的叶片上出现坏死,坏死位于叶脉间和叶缘。多数砧木品种为隐症带毒。

69.葡萄卷叶病是怎么发生的?

葡萄卷叶病是由相关病毒引起的,主要在发病的活体植株内越冬,因此带毒株是病害的主要初侵染来源。病害大多靠带毒的葡萄繁殖材料进行传播。有研究表明:有3种粉蚧(长尾粉蚧、无花果粉蚧和橘粉蚧)可以传播葡萄病毒A,长尾粉蚧传播葡萄卷叶病毒Ⅲ型。卷叶病毒可通过感染的品种插条进行长距离传播。

70.如何防治葡萄卷叶病?

(1)农业措施

选育具有抗病毒病的砧木是防治病毒病的根本措施,选种无病毒苗木可帮助许多欧亚种红色葡萄品种减轻病害。最好采取下列措施得无病毒植株:热处理整株葡萄,在38℃下经3个月,然后将梢尖端剪下放于弥雾环境中生根或茎尖组培;瓶内热处理;微米型嫁接和分生组织培养等。

(2)化学药剂防治

在造成葡萄病毒病污染的地块重新栽葡萄时,可在栽前进行土壤熏蒸,较好的土壤熏蒸剂有二氯丙烷等,二氯丙烷用量为每亩用90~160千克,施用深度为75~90厘米。土壤熏蒸后最好间隔1年以上再种葡萄,但这种方法非常昂贵,且并非十分安全,生产中不宜推广使用。

71.如何识别葡萄栓皮病?

葡萄栓皮病又名粗皮病,症状主要表现在枝干和叶片。栓皮病为潜隐性病毒,很多带毒的欧亚种品种的自根苗并不表现症状,只是当嫁接在沙地葡萄、河岸葡萄和山葡萄砧木上之后,植株才有失常的症状表现,嫁接的植株,其接口上部的接穗肿大,接穗和砧木的直径有明显的差异。接穗的树皮变得很厚而且木栓化,具有海绵状的结构和粗糙的外观。剥去外皮,木质部呈现典型的凹陷或沟槽,相对应的树皮层表面形成狭长的隆起。叶片上的症状主要表现为变色,叶片在初夏前后开始变黄,以后叶片逐渐变成红色或呈黄褐色,叶缘向背面反卷,与卷叶病的症状有些相似,不同的是这种颜色均匀扩散,遍及整个叶片,包括主叶脉。至晚秋叶片不能正常脱落,有些在霜后还挂在树上。病株树势明显衰弱,且衰老速度逐年加快,植株矮小;萌芽期延迟,早春新梢生长缓慢;果实延迟成熟,品质显著下降。严重时全株枯死。

72.葡萄栓皮病是如何发生的?

葡萄栓皮病毒主要以嫁接传染。有研究表明,此病毒也可由长尾粉蚧等几种粉蚧传播。远距离传播是通过葡萄苗木、砧木、接穗和插条等繁殖材料的大范围调运。

73.如何防治葡萄栓皮病?

(1)农业措施

① 选用无病毒母株进行无性繁殖。

②脱毒处理。对于较优良的品种,从田间已无法选出无病毒母株时,放在38℃、适合光照下处理98天或更长时间,再取茎尖进行组培,经检测无毒,扩大繁殖后用于生产。

(2)化学药剂防治

参考葡萄卷叶病的防治。

74.如何识别葡萄斑点病?

葡萄斑点病在许多砧木和栽培品种上不表现明显症状,呈潜伏侵染状态,一般在欧洲葡萄和大多美洲葡萄砧木上症状潜隐,在沙地葡萄上则表现明显,这可能与不同葡萄品种对病毒的耐病性差异或与病毒不同株系的毒性强弱有关。罹病株的叶片上出现细条状、浅色褪绿斑纹,沿叶片的第三或第四级叶脉形成透明斑。严重时,可表现叶脉扭曲,叶片皱缩、扭曲、黄化,果实少而小。受强毒株侵染时还可导致植株矮化、发育不良,插条生根率、根长和嫁接成活率下降。当与其他病毒复合侵染时,对葡萄的影响更大。

75.葡萄斑点病是如何发生的?

葡萄斑点病可通过嫁接传染,可经带毒的苗木、砧木、插条和接穗等繁殖材料远距离传播。

76. 如何防治葡萄斑点病?

参考葡萄扇叶病的防治。

77. 如何识别葡萄铬黄花叶病?

葡萄铬黄花叶病的症状主要表现在葡萄叶片上。症状多在夏季出现，最初在叶片上发生轻微褪绿的浅黄色小斑点，不定形，随着病斑发展，病斑的黄色变浓，叶片上的黄点也不断增多，几乎遍及大半个叶片甚至整个叶片，黄斑密集处相互融合成大小不等的不规则形大斑，呈铬黄色花叶状。有时黄色病斑集中在叶脉上或叶脉附近，后期严重时可引起叶脉坏死。当天气炎热或叶片衰老时，黄化部分逐渐变成黄白色或褐色，叶片早期脱落。一般，幼龄树病害症状明显，老树稍轻。当某些感病品种发病严重时，枝条和叶片发生畸形，果穗变小，浆果产量逐年降低。

78. 葡萄铬黄花叶病是如何发生的?

葡萄铬黄花叶病活体病毒是病害的侵染来源。在自然情况下，此病毒可通过修剪工具、机械和嫁接等方式传播，通过调运葡萄苗木、接穗、插条和砧木等繁殖材料进行远距离传播。

79. 如何防治葡萄铬黄花叶病?

参考葡萄扇叶病的防治。

80. 如何识别葡萄黄斑病?

葡萄黄斑病的症状主要表现在叶片上，症状一般在夏季中后期出现，以夏末更为明显。患病叶片上发生较小的铬黄色斑点，散生，1至数个斑点非均匀分布在叶面上，有时为许多斑点密集成黄色斑块，有时沿主脉或第一支脉上分布黄色斑点或斑块，有时叶脉上积聚的斑点众多，呈脉带状。总体看来很像扇叶病和铬黄花叶病的症状表现。黄斑病症状在一株树上大多只是在少数几个叶片上发生。

81.葡萄黄斑病是如何发生的?

葡萄黄斑病的病原类病毒可以经汁液和嫁接传染，可通过带毒苗木、接穗、插条和砧木进行近、远距离传播，种子不传播此病毒。

82.如何防治葡萄黄斑病?

参考葡萄扇叶病的防治。

第三章　葡萄非侵染性病害及防治

1.什么是非侵染性病害?

非侵染性病害是由非生物因子引起的病害,如营养、水分、温度、光照和有毒物质等,阻碍植株的正常生长而出现不同病症,有些非侵染性病害也称植物的伤害。植物对不利环境条件有一定适应能力,但不利环境条件持续时间过久或超过植物的适应范围时就会对植物的生理活动造成严重干扰和破坏,导致病害,甚至死亡。

非侵染性病害不能相互传染,故又称为非传染性病害或生理性病害。这类病害主要有低温所致的冻害、高温所致的日灼病、水分不足或过量引起的旱害和涝害、营养元素缺乏所致的各种缺素症状以及农药施用过量所引起的药害等,都是非侵染性病害。

2.怎样识别葡萄水罐子病?

葡萄水罐子病又称转色病、水红粒。症状多发生在穗尖或副穗上,严重时全穗发病,主要表现在果粒上,一般在果粒进入转色期后表现症状。发病后有色品种果粒明显表现出着色异常,红(紫)色品种色泽变淡,失去光泽,变成水红色,称为水红粒病。白色品种果粒为水泡状,果肉变软,病果糖度明显降低,酸度增加,果皮与果肉极易分离,成为一包酸水,用手轻捏,水滴成串溢出，故名“水罐子”。发病后果柄和果粒处易产生离层，果实极易脱落。

3. 葡萄水罐子病是如何发生的?

葡萄水罐子病是一种常见的生理性病害，主要是由于营养失衡或不足导致生理机能失调所致。一般在结果量过多，摘心重，有效叶面积小，肥料不足，树势衰弱的情况下发病较重；地下水位高或葡萄成熟期遇降雨，尤其是在高温过后遇降雨，田间高温高湿，发病也重。

4. 如何防治葡萄水罐子病?

（1）加强肥水管理：增施含磷、钾较多的有机肥料，如鸡粪、沤制好的土杂肥、草木灰等，改善土壤理化性状，提高树体抗病能力。在幼果期，叶面喷施磷酸二氢钾液，增加叶片和果实的含钾量，能减轻发病。

（2）控制结果量：合理修剪，及时摘心；结果枝适当增加叶片数量，采用每个结果枝只留一穗果并有5片以上叶片的方法，提高树体营养水平。同时尽量少留或不留副穗。

（3）保证排灌通畅，做到旱能灌，涝能排。

5. 怎样识别葡萄日烧病?

日烧病又称日灼病，一般发生在果实膨大期，是由于阳光直射造成局部细胞失水而引起的一种生理性病害。

发病初期果实阳面由绿色变为黄绿色，局部变白，继而出现火烧状褐色椭圆形或不规则形斑点，后期扩大成褐色凹陷的病斑，后病程持续2~3天，果粒在几天内干枯成黄褐色干缩果。

葡萄日烧病1

葡萄日烧病2

6.葡萄日烧病是如何发生的?

日烧病主要是由于果穗缺少隐蔽或夏剪不当将隐蔽的果实直接暴露在烈日下,在强光照射和长时间的日晒使果皮表面温度过高,表皮组织细胞膜透性增加,水分过度蒸腾,导致表皮坏死而出现日烧症状。

7.如何防治葡萄日烧病?

(1)采取综合预防措施,增施有机肥,增强树势,改善果园管理,增强枝叶的健壮程度,适时灌水。

(2)合理树形结构,增加叶片数量;在疏花疏果和夏季修剪时,果穗以上留出8~10片叶片遮阴,避免果穗直接暴露在强光之下暴晒。

(3)采用避雨栽培的模式,这样既可以减少其他真菌病害,也可以减少强光对果实的直射,从而降低果面温度。

(4)采用套袋的方式,减少强光对果实的灼伤,同时可以提高果实品质。

8.怎样识别葡萄气灼病?

葡萄气灼病一般发生在幼果期,以幼果至封穗期发病最为严重。发病部位与阳光直射无关，最初表现为失水、凹陷、浅褐色小斑点，后迅速扩展为大面积病斑，整个过程在2小时内即可完成，最后病斑颜色变深并逐渐形成干疤。

9.葡萄气灼病是如何发生的?

葡萄气灼病是由于“生理性水分失调”而造成的生理性病害，与特殊气候、栽培管理条件密切相关。任何影响葡萄水分吸收、加大水分流失和蒸发的气候条件、田间操作，都会引起或加重气灼病的发生。一般情况下，连续阴雨或浇水，天气突然转晴后的高温、闷热天气容易导致气灼病发生。这是因为根系被水分长时间浸泡后功能降低，影响水分吸收；而高温需要蒸腾作用调节体温，此时需要比较多的水分，植株需水与供水发生矛盾水分生理失调而导致发生气灼病。

10.如何防治葡萄气灼病?

该病的防治，从根本上是保持水分的供求平衡。因此，应采取综合的防治措施：

(1)增施有机肥，增强树势，改善果园管理，疏密适当，枝叶、根系健壮，保证根系吸收功能的正常和水分的稳定供应。

(2)适时灌水，保证土壤水分供应和水分在树体内的传导。并根据气象预报，避免高温前灌水，注意雨后及时排水。

(3)对于要套袋的果园，在套袋前后一定要保持充足的水分供应，避免高温期间套袋。

(4)高温季节可以采用果园行间生草的方式，减少地面热量的吸收，降低地面蒸腾，降低果实周围微环境的温度，减少气灼病的发生。

11.什么是葡萄裂果?

葡萄裂果主要发生在浆果近成熟期,表现为果皮开裂。果实进入转色期后,多从果蒂部发生环状、放射状或向果顶呈纵向开裂。开裂的果实流出汁液,有的甚至露出种子。裂果不仅影响果实外观,而且会导致外源微生物的入侵,发生腐烂、霉变,以致不堪食用,严重降低果实的商品价值。

12.葡萄裂果是如何发生的?

葡萄裂果由多种原因引起,包括:

(1)水分供求不平衡。大多是由于土壤过干后,又突然过湿而引起的生理现象。尤其是葡萄生长前期天气过分干旱,浆果成熟期遇上连续降雨或大水灌溉,使土壤水分大量增加,根部吸收水分后,通过果树进入果粒,使果粒水分骤然增多,果肉细胞分裂和生理活动加快,迅速膨大,而果皮细胞活动比较缓慢,从而果实的膨压增大,致使果粒开裂。

(2)土壤条件差。一般在灌溉条件差、地势低洼、排水不良、土壤黏重的地区或地块,发生裂果严重。

(3)与品种有关。有的品种因浆果排列紧密,果粒间相互挤压或因果皮韧性差而造成裂果。

(4)与病虫为害有关。病虫的危害和机械损伤,使果皮受到一定程度的

葡萄裂果1

葡萄裂果2

损害，进而降低了果皮抗内压的能力，从而导致裂果。

（5）与农药使用有关。药害造成的果皮伤害，致使果皮韧性减小，进而导致裂果。幼果期，尤其是落花后45天以内，因农药的品种或使用不当所造成的果皮伤害，后期很容易裂果。另外喷乙烯利或者赤霉素也容易造成裂果。

（6）栽培管理不善：一般树势弱、光照差、通风不良及偏施氮肥的果园裂果重，负载量大、叶果比小、着色延迟，易诱发裂果。

13. 如何防治葡萄裂果？

在易发生裂果的地区首先选择不易裂果的品种，栽培措施中应着重保持果实发育后期水分的供求平衡与水分供应的稳定性，防止土壤水分急剧变化现象的发生。对果粒着生紧密的品种，要适当调节果实着生密度，如采取花后摘心和疏花疏果，控制负载量和果粒着生状况，使树体保持一个稳定、适宜的坐果量。对容易裂果的品种不使用乙烯利或赤霉素，落花后要科学选择和使用农药品种，加强病虫害防控工作，减少因病虫为害而导致的裂果现象发生。

14. 什么是葡萄生理性落花落果？

葡萄没有受精的子房一般在开花后1周左右就会脱落，不能形成果实。受精后的种子如果发育不好，在花后1~2周幼果也会自行脱落，这种现象称之为葡萄生理性落花落果。生理性落花落果是植株本身的一种自疏现象，起到自我调节作用，使树体保持适宜的生殖生长与营养生长平衡。但如果生理落花落果过多，表现坐果率低，果穗不整齐，对生产造成影响，就成为生理性病害了。

15.葡萄生理性落花落果是如何发生的?

造成葡萄生理性落花落果现象的主要原因有以下几个方面:

(1)生理遗传缺陷。有的品种在生长发育过程中,胚珠发育异常,雌蕊或雄蕊发育不健全或部分花粉不育,导致落花落果。

(2)气候异常。葡萄开花期要求有较适宜的气候条件,即白天温度在20℃~28℃,最低温在14℃以上,空气相对湿度65%左右,有较好的光照条件,如开花期气候异常,出现低温、降雨、干旱等天气,都不利于授粉、受精。温度超过33℃会使花粉丧失活力,温度低于20℃,开花慢,花粉发芽率低,湿度过高影响花药开裂和花粉传播,湿度低于30%以下,柱头黏液少,影响花粉萌发,使授粉、受精不良,导致落花落果。

(3)树体营养贮备不足。葡萄开花前植株所需要的营养物质,主要由茎部和根部贮藏的养分供给。如上年度负载量过多或病虫害严重,造成枝条成熟不好或提早落叶,树体营养贮备不足,则新梢生长细弱,花序原始体分化不良,发育不健全,导致开花期落花、花后落果严重。

(4)树体营养调节分配不当。葡萄开花期前后营养生长与生殖生长同时进行,相互之间争夺养分,如在这一期间抹芽、定枝、摘心、副梢处理不及时,将会浪费大量树体营养,使花器官发育分化不好,造成授粉受精不良,产生大量落花落果。

16.如何预防和避免葡萄生理性落花落果?

(1)应从加强树体营养和平衡树势入手,加强头一年的树体综合管理,如合理负载、有效控制病虫害、秋季保叶、秋施基肥等,提高树体贮藏营养水平。

(2)合理定枝留枝,在冬剪的基础上,早春做好定枝工作,要求结果枝与发育枝选留比例和总量适宜,一般结果枝与发育枝比例为2:1为宜。

(3)做好花序管理。主要包括疏花序、掐穗尖、疏副穗等,使营养集中、提高坐果率和果实品质。特别是对花序较多、较大及落花落果严重的品种更加需要。花序的选留,一般鲜食品种的花序选留标准是每一结果枝留一个花序,小穗品种和少数壮枝可留2个花序,细弱枝不留花序。

(4)及时对结果枝摘心。一般于花前1周,在花序上留4~6片叶后进行摘心,可起到控制新梢旺长、有利花器养分供应,从而减少落花落果,提高坐果率的效果。

(5)喷施硼肥。硼元素有促进花粉管萌发与伸长的作用,对于落花落果重的品种,可于开花前1周,叶面喷施0.3%硼酸(或硼砂)或21%保倍硼2000~3000倍液硼肥,可减少因授粉受精不良导致的生理性落果。

(6)保持适宜的土壤水分含量。

17.什么是葡萄果实大小粒?

葡萄成熟的果穗中有时会出现许多小粒果实,多数小粒果实不着色或有部分小粒果亦可着色、成熟,但影响整个果穗的商品价值。

果穗中出现较多的小粒果现象称为果实大小粒,它不仅影响果穗整齐度,使外观品质下降,也对产量有较大的影响。

18.葡萄果实大小粒是如何发生的?

葡萄大小粒的形成主要与授粉受精不良和树体营养及生长势有关。在果实第一次快速生长期间,由于部分果实停止生长,体积不再增大,从而形成大小粒现象。

葡萄大小粒

(1)授粉受精不良,可导致果实发育受阻而形成小果。

(2)葡萄前期如果生长势过于旺盛,营养生长与生殖生长不平衡,花芽分化过程中性细胞分化不良,会加重果实大小粒现象的发生。

(3)生产上前期若施用氮肥过多、各种营养元素供应不平衡尤其是锌元素的缺乏、供水过多、修剪不合理等,也容易出现果实大小粒现象。

19.如何预防和避免葡萄果实大小粒现象?

(1)合理修剪,调整树势。对新梢摘心时间和强度及副梢处理方式务必考虑品种特性,因品种而异。

(2)平衡施肥,控制氮肥施用量,对缺锌植株及时补充锌肥。花前或花期使用硼肥,促进授粉受精。

(3)合理灌溉,花前控制水分供应,减少枝梢旺长。结果后及时修整果穗,促进生殖生长。

20.什么是葡萄冻害?

葡萄冻害是指由于冬季极端温度过低且持续时间长或早春晚霜来得突然和明显对葡萄树体所产生的伤害。

葡萄易受冻害的部位主要是根系、芽、幼叶和嫩梢,严重情况下枝蔓的韧皮部也可受到伤害。

根系受害后,轻者表现早春萌芽延迟,新梢生长缓慢,重者大多芽眼不能萌发或虽然有些已抽生出新梢,但不久便逐渐萎蔫枯死,甚至全株干枯死亡。

芽受害后,轻者芽原基轻微变色,虽能存活,但长出的叶片很小、畸形、多皱、并有不规则褪绿斑块。这些症状易与病毒病和药害所致的某些症状相混淆。受害严重时,芽原基由暗褐色变为黑色,不能长出枝条。

嫩梢受害后,枝叶萎蔫,轻者可逐渐恢复生长,但生长点易受害,致使部分叶片畸形,影响果穗发育,严重者枯死。

韧皮部受害后可见韧皮组织褐变,严重时枝蔓的树皮开裂。同时,冻害还易引起葡萄根癌病的发生。

21.葡萄冻害是如何发生的?

冬季低温和早春霜冻是产生冻害的最主要原因,而树体的抗寒性强弱,栽培管理水平的高低,也与冻害的发生及发生程度有关。

通常,休眠葡萄的芽、根、韧皮部是对冻害较敏感的组织和器官。如果冬季防寒不好,秋季葡萄贪青生长过旺、枝条成熟度差、负载量过大、病虫害发生严重、早期落叶或不能正常落叶、树势衰弱等都易发生冻害。

另外,在早春,当葡萄芽膨大后,植株的耐低温能力下降,而新发的嫩芽对春季冻害更为敏感,此时如出现极端低温天气,也易引发葡萄的冻害。

22.如何预防和避免葡萄冻害?

(1)根据本地的气候条件和多年的气象资料,选择性的栽种抗寒耐冻品种,这是预防葡萄发生冻害的根本。

(2)冬季前认真做好防寒工作。葡萄休眠前灌足封冻水,挖取防寒土时应尽量远离根部。埋土防寒前可先覆盖一层薄膜,避免透风。

(3)加强果园管理。及时防治病虫害,科学施肥,合理灌水,实施控产优质栽培。

(4)适当使用植物生长调节剂,如甲壳素、海藻素等,还可冬季前树体喷施果树防冻液等。

低温病害1

低温病害2

23. 什么是葡萄雹害?

冰雹是一种机械性伤害,可为害葡萄地上部的任何器官和组织,尤以幼嫩部位受害严重,如叶片、叶柄、一年生枝蔓和卷须等。叶片受害后,轻者裂口、穿孔,重者被撕成碎片、残缺不全甚至脱落。叶柄、卷须受到雹击后可出现洼陷斑。枝蔓受害后,幼蔓先端萎蔫,新梢折断。果粒受害后,果肉组织褐变、皱缩、裂果或脱落,极易引起葡萄白腐病的流行。

24. 如何预防葡萄雹害?

由于冰雹是一种灾害性天气现象,因而葡萄雹害在一些地区具有偶发性,难于防治。而在有些地区又具有惯常性,往往呈条带状发生。在葡萄生长季节的前期,雹害发生后,若天晴、干燥,受害葡萄的伤口会很快愈合,看上去像昆虫取食的伤口。在葡萄生长季节后期发生雹害,若赶上阴雨连绵,受害的果粒极易受到葡萄白腐病菌和灰霉病菌侵染,引起果实腐烂。

目前,预防雹灾的最有效方法是在树冠上方设置防雹网,同时在雹灾常发区域提倡设施栽培或果穗套袋。

雹灾发生后,应及时做好补救工作,包括整理架面,理顺枝蔓,合理修剪,调整果穗负载量,增施肥料及加强病虫害的防治工作等。

葡萄叶部雹害1

葡萄果实雹害2

25. 什么是葡萄旱害?

葡萄遭遇干旱即水分胁迫可分暂时性和经常性两种。暂时性干旱,轻者可引起枝叶萎蔫,若及时灌水便可恢复,严重时葡萄上部枝叶干枯。经常性干旱常常是枝蔓生长缓慢、叶片稀少、果穗疏松、果粒较小,严重干旱情况下,叶片黄化、边缘干枯、脱落,甚至全株死亡。

葡萄旱害多在土壤贫瘠、山丘坡地和漏沙地的葡萄园内发生。幼龄树因根系较浅比老树更易遭受旱害,在同一株树上,新梢旱害症状出现较早。

26. 如何防治葡萄旱害?

预防葡萄旱害的最根本措施是建园时做好园址选择。不在无灌溉条件或不宜栽植葡萄的旱地、坡地和漏沙地建园。

其次是做好果园管理。对园内沙性严重或较贫瘠的土壤应施用腐熟的农家肥和粉碎的植物秸秆进行改土,使之利于水分涵养。提倡滴灌、渗灌等节水型灌溉,以保证水分的充分供应。

27. 如何识别葡萄盐害?

葡萄盐害症状类型多,因不同盐类、不同浓度和葡萄不同品种的耐盐程度不同而异。归纳起来,主要的症状表现有:叶片边缘呈黄褐色焦枯,严重时整个叶片干枯死亡,呈火烧状,易脱落;叶片表面或果实局部发生褐色或红褐色烧伤状坏死斑点或斑块;根系变褐、坏死,进而导致地上部植株叶片黄化、褪绿,新梢枯萎或生长不良。在空气潮湿的情况下,这些枯死的组织和器官易被病原菌或一些腐生微生物感染而导致腐败或腐烂。

28. 葡萄盐害是如何发生的?

葡萄盐害的发生多数是因为土壤中盐类物质积累浓度过大,使葡萄根系吸水困难,甚至会使根系细胞的水分外渗,超越葡萄所能忍受的程度,就会发生盐害。盐害又因盐离子的种类多少而分为单盐毒害和复合毒害等。

另一种情况是施肥不当,如化肥施用时接触根系或距根系太近,施用量过大,使根系周围土壤溶液浓度增高,造成烧根,还可产生盐害。

在高温季节进行叶面施肥或喷洒盐分偏高的水也易引起外源盐分的伤害,在蒸发高峰期若用含盐量超过3mmol的水进行喷灌将十分危险。复合叶面肥若品种选择不当、浓度过大、杂质较多或与农药随意混合,都易引起盐害。

29. 如何预防葡萄盐害?

(1)科学施肥。施用化肥时应注意氮、磷、钾等各种元素的合理配比,避免与根系接触;适当增施充分腐熟的或经过无害化处理的农家肥;叶面施肥时应避开葡萄蒸腾作用高峰期,防止随意与农药混用,并避免在烈日下喷洒。

(2)科学灌水。提倡微、滴灌或小管促流等节水灌溉。

30. 如何识别葡萄氮素失衡症?

氮是叶绿素的重要组成部分,葡萄缺氮常表现植株生长受阻、叶片失绿黄花、叶柄和穗轴呈粉色或红色等。由于氮在植物体内移动性强,可从老龄组织中转移至幼嫩组织中,因此,老叶通常会较早表现出缺氮症状。

氮素过量时,可使叶片生长和发育过速,枝叶旺长导致相互遮阴,光合效率下降,且枝叶旺长消耗大量营养,果实成熟期推迟、果实着色差、风味淡、不利于养分的积累和贮藏,还会引起其他元素的缺乏,产生诸多副作用。

31.如何防治葡萄氮素失衡症?

应在增施有机肥提高土壤肥力的基础上，注意平衡施肥，合理控制氮肥的使用量。葡萄生产上一般可在三个时期补充氮素化肥，即萌芽期、末花期后和果实采收后。每亩施尿素30~40千克或者相当于氮素含量的其他氮素化肥。

32.如何识别和防治葡萄缺磷症?

磷是核蛋白的组成部分，参与植株体内的物质运输、能量代谢和细胞分裂等生理过程。葡萄植株缺少磷元素时表现叶片较小、叶色暗绿、花序小、果粒少、单果重小、产量低、果实成熟期推迟等，一般对生殖生长的影响早于营养生长。

葡萄磷元素的补充以土壤施入为主，在增施有机肥的基础上，宜在花期前后和果实采收后施入适当磷肥，可选用磷酸铵、磷酸二氢钾或含磷的果树专用肥料等。每亩施过磷酸钙10~15千克或相当磷素的其他磷肥。

如在生长期间还表现缺磷症状时，可选用0.3%~0.5%的磷酸铵或磷酸二氢钾等磷素肥料进行叶面喷施。

33.如何识别和防治葡萄缺钾症?

钾对细胞分裂和碳水化合物的转化具有重要作用。葡萄素有“钾质作物”之称，在生长过程中对钾的需求量相对较大。缺钾时，植株抗病力降低，枝条中部叶片表现扭曲，以后叶缘和叶脉间失绿变干，并逐渐由边缘向中间焦枯，叶子变脆容易脱落；果实小、着色不良，成熟前容易落果，产量低、品质差。钾过量时可阻碍钙、镁、氮的吸收，果实易发生生理性病害。

葡萄钾元素的补充以土壤施入为主，在增施有机肥的基础上，宜在花期前后和果实采收后施入适当钾肥，可选用硫酸钾或含钾的果树专用肥料等。每亩施入20千克硫酸钾或者相当钾素含量的其他钾肥。

葡萄生长期间，自7月起，每隔半个月左右叶面喷施一次0.3%的磷酸二氢钾，共喷3~4次，对减轻缺钾症状具有较好的效果。

34.如何识别葡萄缺钙症？

钙在植物体内代谢过程中，对蛋白质的合成和碳水化合物的输送以及中和植物体内有机酸都有着重要的作用。同时钙参与细胞壁的形成，调节光合作用，还是一些酶的激活剂，具有重要的生理功能。但由于钙在植物体内移动性差，所以一般栽培植物都很容易引起缺钙。葡萄缺钙时新梢嫩叶上形成褪绿斑，叶尖及叶缘向下卷曲，几天后褪绿部分变成暗褐色，并形成枯斑。缺钙可使浆果硬度下降，贮藏性差等。

35.如何防治葡萄缺钙症？

防治葡萄缺钙症的关键是提高栽培管理水平，合理肥水管理，均衡施肥。

可增施有机肥，调节土壤pH，土壤施入硝酸钙或氧化钙，控制钾肥施入量，调节葡萄树体的钾/钙比例。钙也可通过叶面喷肥加以补充，对缺钙严重的果园，一般可于葡萄生长前期、幼果膨大期和采前一个月叶面喷施钙肥，如硝酸钙、氯化钙等，浓度以0.5%为宜。由于钙在葡萄体内移动性较差，因此，叶面喷肥以小量多次喷施效果为佳。

36.如何识别葡萄缺硼症？

硼是葡萄所必需的重要营养元素之一。硼能促进葡萄花粉管的萌发和生长，促进授粉受精，提高坐果率，减少无籽小果，提高产量和果实含糖量。同时，硼还可以促进新梢和花序的生长，使新梢发育良好。

葡萄缺硼时可抑制根尖和茎尖细胞分裂，生长受阻，表现为植株矮小，枝蔓节间变短，副梢生长弱；叶片变小、增厚、发脆、皱缩、外翻，叶缘出现失绿黄斑，叶柄短而粗。根短、粗，肿胀并形成结，可出现纵裂。硼元素对花粉管伸长具有重要作用，缺乏时可导致开花时花冠不脱落或落花严重，花序干缩、枯萎，坐果率低，无种子的小粒果实增加。

硼的吸收与灌溉有关，土壤干旱不利于硼的吸收，而雨水过多或灌溉过量又容易造成硼离子淋失，尤其是对于沙滩地葡萄园，由此造成的缺硼现象更是比较严重。

37. 如何防治葡萄缺硼症?

葡萄缺硼症的防治可在增施有机肥、改善土壤结构、注意适时适量灌水的基础上，在花前1周进行叶面喷硼，可喷21%保倍硼2000倍液或0.3%硼酸(或硼砂)等，在幼果期可以增喷1次。在秋季叶面喷硼效果更佳，一是可以增加芽中硼元素含量，有利于消除来年早春缺硼症状，二是秋季叶片耐性较强，可以适当增加喷施浓度而不易发生药害。

在叶面喷施硼肥的同时应注意土壤施硼，土壤施硼最好在每年秋季都要适量进行，每亩每年施入硼砂500克，其效果要好于间隔几年一次大量施入。土壤施入时应注意均匀，以防局部过量而导致不良后果。

38. 如何识别葡萄缺锌症?

锌元素参与多种酶促反应和植物激素的合成，尤其与植物的生长素和叶绿素的形成有关。

葡萄缺锌时植株生长异常，新梢顶部叶片狭小，呈小叶状，枝条纤细，节间短。叶片叶绿素含量低，叶脉间失绿黄化，呈花叶状。果粒发育不整齐，无籽小果多，果穗大小粒现象严重，果实产量降低、品质下降。

锌在土壤中移动性差，在植物体中，当锌充足时，可以从老组织向新组织移动，但当锌缺乏时，则很难移动。一般栽植在沙质土壤、高pH土壤、含

缺锌症状

磷元素较多土壤上的葡萄易发生缺锌现象。

39. 如何防治葡萄缺锌症?

防治葡萄缺锌症可从增施有机肥等措施做起，补充树体锌元素最好的方法是叶面喷施。茎尖分析结果表明，补充锌的效果仅可持续20天，因此锌应用的最佳时期为盛花前2周到坐果期，可应用锌钙氨基酸、硫酸锌等。

另外，在剪口上涂抹150克/升硫酸锌溶液对缺锌株可以起到增加果穗重、增强新梢生长势和提高叶柄中锌元素水平的作用。

落叶前使用锌肥，可以增加锌营养的贮藏，对于解决锌缺乏问题非常重要和显著。落叶前补锌，已成为重要的补锌形式。

40. 如何识别葡萄缺铁症?

葡萄缺铁症也称葡萄黄叶病。铁是植物细胞色素的组成部分，细胞色素不仅是呼吸作用不可缺少的，而且还参与光合作用。铁又是许多酶、铁氧化还原蛋白和亚血红蛋白的重要组成成分。葡萄缺铁时首先表现的症状是幼叶失绿,叶片除叶脉保持绿色外,叶面黄化甚至白化,光和效率差,进而出现新梢生长弱,花序黄化,花蕾脱落,坐果率低。

发病初期多从新梢上幼嫩的叶片开始变黄,随病势的发展,植株大部分叶片变成黄绿色或黄白色,严重时叶片周缘焦枯,影响树体正常发育,葡萄果粒变黄,停止生长并且部分脱落。

葡萄缺铁常发生在冷湿条件下,此时铁离子在土壤中的移动性很差,不利于根系吸收。同时铁缺乏还常与土壤的较高pH有关,即生长在盐碱地上的葡萄植株容易发病,因为在这种环境条件下铁离子很难为植物所吸收利用。

41.如何防治葡萄缺铁症?

(1)从土壤改良着手,增施有机肥,防止土壤盐碱化和过分黏重,促进土壤中铁转化为植物可利用形态,即进行土壤调酸。具体方法是:新葡萄园定植前先开沟灌水,洗盐、压盐、排碱。对发生黄叶病的葡萄单株,以树冠垂直投影面积为准,逐棵丈量,计算出发病单株的树盘面积,然后根据调酸剂使用剂量标准(167克/平方米)计算出调酸剂总需用量。把调酸剂按每215千克与10~12千克细土充分混合,均匀撒施在应进行调酸的葡萄树盘内,然后将树盘深刨5厘米左右,之后立即浇水,做到撒施调酸剂、刨土和浇水三个环节连续进行。土壤调酸后2~3天,可见黄化病株的葡萄叶片开始转绿,4~5天病叶全部转绿。调酸1次,可保持效果1~2年。

运用土壤调酸法防治葡萄黄叶病,可有效降低果园局部土壤的pH值,促使土壤中的不溶性铁转化为有效铁。所以用该方法防治葡萄黄叶病可收到操作简便、经济可行、药效持久的效果。生产上,防治葡萄黄叶病可根据发病轻重程度,将调酸剂使用剂量控制在150~210克 / 平方米范围内

缺铁症状

使用。但应注意，进行调酸时应避开磷肥施用期，因为磷和铁有一定的拮抗反应，会影响防治效果。

(2)施用养分全面的有机和无机叶面肥进行补救，补充葡萄植株所需的氮、磷、钾、铁、锰、钼、铜、锌、钙、镁、硫等全价营养元素。最好的方法是叶面喷施300~500倍黄腐酸盐或氨基酸复合肥加300~500倍微肥二氢钾，连喷3~5遍，间隔5~7天。黄腐酸盐富含具有调节作用的腐殖酸，可增强树势，调节生理机能，增加矿质养分，提高植物体的抗逆性。另外，在发病初期喷0.5%的硫酸亚铁、TP型有机铁肥或有机螯合铁肥效果都很好。

41.如何识别葡萄缺镁症?

缺镁是葡萄生产中常见的病害，尤其在设施葡萄栽培种更为普遍。镁在葡萄的光合作用、氮代谢、糖的转化以及对磷的吸收与运输和消除钙过剩的毒害等方面起着重要的作用。在果树中葡萄最容易发生缺镁症。葡萄缺镁时，最明显的症状表现在叶片上。最初从基部叶片开始，叶脉间组织发亮，叶缘首先变黄，在脉间逐渐向叶柄延伸，呈叶脉与黄色条带相间，故称其为“虎叶”。严重时叶脉间黄化条纹、条带部位褐变枯死。缺镁的葡萄易发生叶皱缩，使枝条中部叶片脱落，枝条呈光秃状。葡萄缺镁症与缺硼症不同，缺镁时，一般只有基部叶片出现症状，顶部叶片无症状。

缺镁叶片症状

42.葡萄缺镁症是如何发生的?

缺镁现象经常在酸性土壤或镁易流失的沙质土壤发生。在葡萄园内过量使用钾或磷时易引起缺镁症。经常过多施用硫黄或其他含硫黄合剂使土壤变酸而易于引起缺镁症。一般葡萄根系浅时发病重,根系深时则发病较轻。葡萄缺镁往往是暂时性,但可造成持续的不良后果,当地上、地下温差大或大量降雨及灌溉时易引起临时性缺镁。葡萄缺镁时,常会引起缺锌和缺锰症状。

43.如何防治葡萄缺镁症?

(1)加强土肥管理。应适当增施腐熟的堆肥或厩肥等有机肥。注意不要过量偏施速效钾肥。

(2)根部施肥。在酸性土壤中可适当施用 镁石灰或碳酸镁,在中性土壤中可施用硫酸镁。根施效果虽慢,但持效期长,当葡萄严重缺镁时还以根施用效果为好,一般每株沟施300克。

(3)叶面施肥。葡萄轻度缺镁时,可采用50倍液硫酸镁叶面喷施,这样病树恢复较快。根据病情发展决定喷施次数。

(4)栽培措施。设施葡萄可采取台田式栽培,增加地温,可有效控制此病的发生。

44.如何识别葡萄缺锰症?

锰影响葡萄植株的呼吸过程,有微量锰存在时,呼吸过程增强,对细胞内各种转化过程都起很大作用。树体内锰和铁有相互关系,缺锰时树体内低铁离子浓度增高,能引起铁过量症,当锰过多时,低铁离子过少,易发生缺铁症。葡萄缺锰时,葡萄枝稍基部叶片开始发白,很快在脉间组织出现黄色小斑点,后期许许多多黄色小斑相互连接,使叶片主脉与侧脉之间呈现淡绿色至黄色，黄色面积不断扩大，大部分叶片在主脉之间失绿。朝阳的叶片比朝阴的叶片症状严重。过度缺锰时，可抑制葡萄枝稍、叶片和果粒生长，果实成熟延迟。

45.葡萄缺锰症是如何发生的？

土壤中的锰在腐殖质和水中呈还原型，为可给态，而当土壤为碱性时锰成为不溶解状态，所以在碱性土壤中，葡萄易出现缺锰症。葡萄对锰有较强的耐性，即使锰含量很高时也不致受害。一般葡萄叶柄内锰含量为3~20毫克/千克时即出现缺锰症状。

46.如何防治葡萄缺锰症？

（1）增施有机肥。增施经过无害化处理的农家肥料能较好地预防和减轻缺锰对葡萄的为害。

（2）叶面施锰。葡萄缺锰时，可在葡萄叶片生长期喷洒500~1000倍液的硫酸锰水溶液或0.3%的硫酸锰加0.15%的石灰水溶液，喷洒次数依病情发展而定。

第四章　葡萄贮藏期病害

1.什么是葡萄贮藏期病害?

这里所说的葡萄贮藏期病害是指葡萄在贮藏期间果粒、果梗和穗轴等部位发生的各种霉烂、腐败和变质等异常现象。包括葡萄在生长季节被病菌侵染,但无明显症状,而在贮藏期发生、发展和蔓延的一类病害,也包括在葡萄采收时或贮藏过程中一些弱寄生菌和腐生菌感染或污染等而引起的霉变、腐烂。

2.葡萄贮藏期病害有哪些种类?

据报道,迄今国内外葡萄贮藏期病害已发现近20余种,如葡萄灰霉病、白腐病、炭疽病、黑痘病、房枯病、黑腐病、白粉病、霜霉病、青霉病、曲霉病、软腐病、毛霉病、红腐病、褐腐病、黑斑病、黑变病、镰刀果腐病、苦腐病和果斑病等。其中,前8种是葡萄田间生长期常见的侵染性病害,其余多在贮藏期发生。这些病害中,一般以灰霉病、青霉病、曲霉病、毛霉病、炭疽病、红腐病和褐腐病等发生较多。

3.葡萄贮藏期病害发生的特点是什么?

根据葡萄贮藏期发生的主要病害种类及病原菌生物学特性等可将葡萄贮藏期病害分为以下三大类:

第一类是葡萄在田间生长期间就已感染了病菌的，如葡萄炭疽病、葡萄白腐病、葡萄黑痘病、葡萄房枯病、葡萄褐腐病、葡萄白粉病和葡萄霜霉病等，但未出现明显症状，我们将其称之为“潜伏侵染”或“静止侵染”。当葡萄进入贮藏期，浆果衰老，温度、湿度等条件适宜时便出现发病症状。

第二类是一些弱寄生菌，如灰霉病菌、交链孢霉菌等，在葡萄采收时或采收后，当果穗组织出现衰弱、抗病力下降时，便借助伤口侵入并扩展蔓延直至发病。

第三类是一些腐生性病菌，如青霉、毛霉、根霉、木霉、镰刀菌、曲霉和枝孢霉等，当果穗上某些部位干枯死亡或其他侵染性病害造成组织坏死后，这些微生物便借机感染、腐生并迅速发展。

引起葡萄贮藏期病害的病原大多是喜欢高湿环境和好气性微生物，葡萄贮藏时的高湿条件较适宜其生长、繁殖，但在缺氧条件下其生长受到抑制。由于腐生性病菌群体数量大、分布广，无时无处不在，只要有其适宜生长的条件或其他病菌引起局部腐败后，就能快速繁殖、蔓延，因而一旦果穗组织死亡，它们便很快侵染并快速繁殖、扩展，加速葡萄腐烂。

葡萄贮藏期间，果穗之间紧密毗邻，因此接触性传染是葡萄贮藏期病害传播的主要方式。

4.如何防治葡萄贮藏期病害?

(1)葡萄贮藏期毛霉腐烂病的防治主要采用贮藏期保鲜、控制病害的技术。常见的贮藏保鲜技术有：

①保鲜剂保鲜法。可分为吸附型和保护型两种。吸附型保鲜剂主要有吸氧剂、乙烯吸收剂和二氧化碳吸附剂。主要作用是吸收氧气、二氧化碳和乙烯，从而抑制好气性病菌的生长、繁殖等。保护型保鲜剂主要是一些低毒、无残留、对食品和环境安全的杀菌剂，如克菌灵、硫酸钠、抑菌灵、噻菌灵、山梨酸及其盐类等。其主要作用是保护果实不被病菌侵染，并可杀灭果实表面上的微生物，但对已侵入果实内部的病菌则作用不大。

②气调贮藏保鲜技术。是指在低温条件下，调节贮藏环境中的氧和二

氧化碳的含量,从而有效地控制好气性微生物的滋生、繁衍。目前常用的有塑料薄膜帐气调、硅窗气调、催化燃烧降氧气调和充氮降氧气调等方法。

③臭氧保鲜技术。利用臭氧发生装置在贮藏库中工作时产生的高负压静电场将空气变为臭氧及负氧离子,这种强氧化剂当达到一定浓度时便可有效地杀灭果实表面及封闭环境内的细菌、真菌和病毒等微生物,氧化分解果实贮藏期释放的乙烯、乙醇等有害气体,抑制果实呼吸。

④生物保鲜技术。是将某些具有抑菌或杀菌活性的天然物质配制成适当浓度的溶液,通过浸泡、喷淋等方式而达到防腐、保鲜和控病的目的。

(2)在采收、运输和贮藏过程中采取精细管理,可减少果实机械伤口,一定程度上能减轻病害的发生和传播扩展。采收时选择晴朗无风天气,待露水干后进行。采收人员,用左手将穗梗拿住,右手剪断穗梗,并立刻剪除坏粒、病粒和青粒后装箱,装车卸车一定要轻拿轻放,决不能随意摔、压、碰、挤。长途运输以火车最平稳,汽车、拖拉机要注意减少颠簸,以免损坏果实,造成经济损失。

5.如何识别葡萄贮藏期毛霉腐烂病?

葡萄的果粒表面和果穗的干枯死亡组织在贮藏期遇到高湿时均易发生毛霉腐烂病。患病组织水浸状、软化,表面产生灰白色或白色的绒毛状较长的菌丝,后期用放大镜观察,可见在菌丝层中分布灰黑色或黑色小颗粒,即病菌的孢囊梗和孢子囊。病斑和菌丝扩展迅速,很快遍及全部果粒或果穗,引起毛霉状腐烂。

6.如何识别葡萄贮藏期灰霉病?

灰霉病可在葡萄果穗上的任何部位发生。发病初期果粒上出现褐色、水浸状病斑,后迅速扩展至整个果粒,造成腐烂,果梗和穗轴受害后出现暗色湿腐。病斑表面生有浓密的灰色霉状物,即病菌的分生孢子梗和分生孢子。后期病部表面生有扁球形或块状、大小不等的黑色菌核。由于灰霉病菌在0℃~5℃仍可生长，因此，它是葡萄低温贮藏中的主要病害，也是鲜食葡萄贮藏中具毁灭性的病害。

7. 如何识别葡萄贮藏期青霉腐烂病？

青霉腐烂病多在受伤的果粒和枯死的穗上发生。病部病斑单个或多个，形状各异，发病初期在病斑上生有浓密的白色菌丝体，后期在白色菌丝层上的局部或大部变为灰绿色，即病菌的分生孢子梗和分生孢子，患病组织呈腐烂状。

8. 葡萄贮藏期青霉腐烂病是怎么发生的？

青霉病菌是弱寄生性菌，发生侵染的部位通常是因为操作粗放、包装过紧或其他原因造成的果实伤口。病害的扩展主要和适度的湿度有关，在包装箱内湿度高的条件下，病菌侵入果实后，可以快速地繁殖，并扩散到烂果接触的临近果实上。贮藏期青霉腐烂病的防治参见葡萄贮藏期病害葡萄毛霉腐烂病的防治部分。

9. 如何识别葡萄贮藏期曲霉腐烂病？

曲霉腐烂病多在果穗干枯死亡或伤口的部位发生。病部表面布满棕褐色菌丝，后变为褐色或黄褐色霉层，病果粒及穗轴腐败。试验条件下，在20℃~32℃时，水滴中的病菌可直接侵入成熟的果皮。

10. 葡萄贮藏期曲霉腐烂病是怎么发生的？

曲霉也是一种喜温好湿的弱寄生菌，21℃~38℃的高温最有利于黑曲霉的扩展。因此，此病常见于湿热地区。黑曲霉的侵染需要伤口和较高湿度。

病菌的分生孢子存在于各种基质和空气中，但只有果皮破裂或受损伤才会侵染。贮藏期曲霉腐烂病的防治参见葡萄贮藏期病害葡萄毛霉腐烂病的防治部分。

11. 如何识别葡萄贮藏期链格孢腐烂病？

葡萄贮藏期链格孢腐烂病在果实、果梗和穗轴上均可发生，造成腐烂。果粒病斑圆形或椭圆形，呈轮纹状扩展，表面初生有灰白色菌丝，后期变为褐色或黑色霉状物，即病菌的分生孢子梗及分生孢子。穗轴上的病斑为不规则形，病部呈黄褐色腐败，果粒易脱落。

12. 如何识别葡萄贮藏期枝孢霉腐烂病？

枝孢霉腐烂病又名黑变病，多在葡萄果粒和果梗上发生。果粒上病斑圆形、不凹陷，大小不等，最大病斑可达果粒的2/3以上，呈软腐状。果梗病斑不定形，病斑发展到后期，其表面布满黑色霉状物，即病菌的分生孢子梗及分生孢子。

13. 如何识别葡萄贮藏期木霉腐烂病？

木霉腐烂病在葡萄果穗的任何部位均可发生。病斑形状各异，病组织呈浸润状腐烂。发病初期，病斑处产生白色霉层，之后白色霉层的局部或大部变为绿色，即病菌的分生孢子梗及分生孢子。腐烂的病组织后期失水干缩。

14. 如何识别葡萄贮藏期红腐病？

红腐病在葡萄果粒、果梗和穗轴上均可发生，多从伤口侵入，引起组织腐烂。初发病斑圆形，病斑扩大后边缘凹陷，病斑表面生有白色霉层，后期霉层变为粉红色，即病菌的子实层。此病由粉红聚端孢霉引起。

15.如何识别葡萄贮藏期褐腐病？

葡萄褐腐病多发生在果粒上。发病初期，果粒表面覆盖一层灰褐色菌丝，然后菌丝集结成黑色，呈块状菌组织，并不断扩大。病斑处果粒组织呈软腐状，此病害由丛梗孢霉引起。

16.如何识别葡萄贮藏期白腐病、炭疽病等病害？

葡萄贮藏期白腐病、炭疽病等的症状基本与葡萄田间生长期一致，参见葡萄侵染性病害中相应病害的防治。

17.如何防治葡萄贮藏期白腐病、炭疽病等病害的发生？

贮藏期白腐病、炭疽病等的防治参见葡萄侵染性病害中相应病害的防治部分和葡萄贮藏期病害的防治部分。

第五章　葡萄害虫、螨类及防治

1.葡萄生产中常见的害虫种类及其为害特点?

常见的主要为害葡萄的害虫大致有10~15种,如葡萄二星斑叶蝉、葡萄瘿螨、烟蓟马、绿盲蝽、东方盔蚧、葡萄虎蛾、葡萄天蛾、雀纹天蛾、葡萄透翅蛾、葡萄虎天蛾、白星花金龟和其他一些地下害虫等。这些害虫归纳起来主要有三类。

(1)吸食葡萄汁液的害虫,如绿盲蝽、烟蓟马、葡萄瘿螨、二星斑叶蝉和东方盔蚧等。

(2)啃食或咬食葡萄芽、叶和果实的害虫,如葡萄天蛾、雀纹天蛾、白星花金龟和其他一些地下害虫等。

(3)钻蛀枝蔓的害虫,如葡萄透翅蛾和葡萄虎天牛等。

2.如何识别东方盔蚧?

东方盔蚧(*Parthenolecanium corni* Bouche)又名扁平球坚蚧、褐灰蜡蚧、水木坚蚧,属于同翅目蚧科。该虫主要分布在长江以北的东北、华北、西北和华东等省区。寄主范围较广,可为害葡萄、梨、苹果、山楂、桃、李、杏等多种果树及林木,但以葡萄、桃树和刺槐受害最重。

其形态特征是:

蚧壳:雌蚧壳背面呈龟甲状,光亮,顶部隆起,有许多不规则的凹沟。

雌成虫:黄褐色或红褐色,扁椭圆形,体长3.5~6毫米,体背中央有4列纵排断续的凹陷，凹陷内外形成5条隆脊。体背边缘，有横列的皱褶排列较规则，腹部末端具臀裂缝。雄成虫极少见。

卵：长椭圆形，淡黄白色，长0.5~0.6毫米，宽0.25毫米，近孵化时呈粉红色，卵上微覆蜡质白粉。

若虫：1~2龄若虫体椭圆，上下较扁平，粉白色或黄褐色，触角、足有活动能力。将越冬的若虫，体赭褐色，体外有一层极薄的蜡层。越冬中的若虫外形与上同，但失去活动能力。越冬后若虫沿纵轴隆起颇高，呈现黄褐色，侧缘漆灰黑色，眼点黑色。体背周缘开始呈现皱褶，重新生出蜡腺，分泌出大量白色蜡粉。

3.东方盔蚧的主要为害特点是什么？

东方盔蚧以若虫和成虫栖居于葡萄的枝蔓、叶柄、叶片、果穗轴和果粒上刺吸葡萄汁液，并排出黏液，既阻碍叶的生理作用，也招致蝇类吸食和霉菌寄生，果实、枝叶污染成黑色，造成早期落叶。发生严重时，可使枝条枯死、果粒干瘪、树势衰弱，产量和品质受到严重影响。

4.东方盔蚧的生活史及生活习性如何？

由于分布地区不同，每年可发生1~3代，西北地区多为1代。该虫雄虫少见，多为孤雌生殖，以2~3龄若虫固着在枝干的裂缝、老皮下及叶痕处越冬。第二年葡萄萌芽后越冬若虫开始活动为害，4月下旬至5月上旬，逐渐发育为成虫，体背膨大并硬化。5月中旬，介壳内的雌虫开始在体下产卵，每头雌虫可产卵1200多粒。6月上中旬，初孵若虫爬出介壳在枝叶和果实上为害。7月中旬，成虫性成熟开始产卵，第2代若虫孵出后任先在嫩枝、果实上为害至9月份蜕皮为2龄后开始迁至主干或粗枝上的裂缝中进入越冬。

5.如何防治东方盔蚧?

(1)人工防治

结合修剪,剪除干枯枝,有虫的过密枝。春季,树体萌芽前,人工刮除老树皮,露出介壳虫体,在树下铺纸及时刮除,收集销毁,减少越冬虫源。生长期发现树体有虫时,要随时抹除。

(2)生物防治

田间观察发现,东方盔蚧有被寄生蜂寄生的现象。此外,黑缘红瓢虫、红点唇瓢虫是东方盔蚧的主要天敌。通过保护和利用这些天敌可充分发挥它们对东方盔蚧的控制作用。

(3)化学防治

化学防治是防治该虫为害的重要途径。利用化学药剂防治该害虫的三个有利时期:第一,春季葡萄萌芽前,在人工刮除老翘皮后,可喷施5波美度的石硫合剂;第二,6月上旬为越冬一代成虫所产卵的孵化盛期,此时若虫体背面腊层最薄,药液极易渗入体内,可喷施40%介达乳油1000~1500倍液或40%速扑杀乳油700~1500倍液,防治效果较好;第三,在8月上旬新一代成虫所产卵的孵化盛期,选择的农药与6月上旬相同。

6.如何识别葡萄蓟马(烟蓟马)?

蓟马成虫

葡萄蓟马(*Trips tabaci* Lindeman)又称烟蓟马、葱蓟马、棉蓟马,属缨翅目,蓟马科。在我国各葡萄产区均有分布。寄主范围广,除为害葡萄外,还可为害苹果、李、杏等多种果树和棉花、烟草及各种蔬菜。

葡萄蓟马生物形态特征是:

雌成虫:体长1.2~1.8毫米,淡黄

色至深褐色。头方形，口器为锉吸式；触角7节，呈珍珠状；两只复眼间有3个红色单眼，正三角形排列；2对翅狭长透明，边缘有很多整齐的缨状缘毛，翅脉退化，只有两条纵脉。雄虫极罕见，国内尚未发现。

卵：初产时乳白色，肾形，后期卵圆形，黄白色，可见红色眼点，长约0.3毫米。

若虫：共4龄，体形似成虫，体色淡黄或褐色，3~4龄若虫具翅芽，可活动，称“伪蛹”。

7.葡萄蓟马的主要为害特点是什么？

葡萄蓟马若虫和成虫以锉吸式口器吸食幼果、嫩叶和新梢表皮细胞的汁液。幼果被害当时不变色，第二天被害部位失水干缩，形成小黑斑，后随果粒增大而扩大，呈现不同形状的木栓化褐色锈斑，重者引起裂果。叶片受害先出现褪绿的黄斑，后叶片变小，卷曲畸形，干枯，有时还出现穿孔。被害的新梢生长受到抑制。

8.葡萄蓟马的发生规律如何？

葡萄蓟马一年发生6~10代，每代历期9~23天，以成虫越冬为主，也有若虫在葱、蒜叶鞘内侧、土块下、土缝内或枯枝落叶中越冬，还有少数以“蛹”在土中越冬。来年春季，葱、蒜等作物返青后蓟马开始活动，为害一段时间后，便转移到葡萄等果树上为害繁殖。在葡萄初开花期为害子房或幼果，卵多产在叶背皮下或叶脉内，卵期为6~7天。初孵若虫不太活动，多集中在叶背的叶脉两侧为害。7—8月间同一时期可见各虫态，进入9月虫量明显减少，早霜来临之前，大量蓟马迁往果园附近的葱、蒜、白菜、萝卜等蔬菜田。

成虫极活跃，善飞，怕阳光，白天多在隐蔽处为害，早、晚或阴天在叶片上取食为害。

9. 如何防治葡萄蓟马？

（1）农业防治：清理葡萄园杂草，烧毁枯枝败叶，减少越冬虫源。园内及附近最好不种葱、萝卜、白菜等作物。

（2）生物防治：保护天敌对蓟马发生有一定的控制作用。蓟马常见的天敌有小花蝽、华姬猎蝽等。

（3）化学防治：蓟马危害严重的葡萄园需要喷药防治。用药关键期在开花前1~2天或初期。可用25%噻虫嗪悬浮剂14.4~19.2克/亩、2.5%溴氰菊酯乳油20~40克/亩、10%吡虫啉可湿性粉剂20~35克/亩、2.2%阿维·吡虫啉乳油60~80克/亩。

10. 如何识别葡萄瘿螨（引起毛毡病）？

葡萄瘿螨（*Colomerus vitis* Pagenstecher）又称锈壁虱，属蛛形纲，蜱螨目，瘿螨科。在国内葡萄产区均有分布，辽宁、河北、山东、山西、甘肃、新疆等地危害严重。目前仅在葡萄上发现为害。

成螨：雌成螨圆锥形，体长0.1~0.3毫米，宽约0.05毫米。体淡黄色或浅灰色，具很多环节，近头部有两对软足，腹部细长，尾部两侧各生一根细长的刚毛。雄成螨体略小。

葡萄瘿螨危害引起的毛毡病叶片正面

毛毡病叶片背面

卵:椭圆形,淡黄色,长约30微米,有一根细长刚毛。

若螨:共2龄,体小,形态似成螨。

11.葡萄瘿螨的主要为害特点是什么?

葡萄瘿螨主要为害叶片,也为害嫩梢、幼果及花梗。叶片受害,最初叶背面产生许多不规则的白色病斑,逐渐扩大,其叶表隆起呈泡状,背面病斑凹陷处密生一层毛毡状白色绒毛,绒毛逐渐加厚。并由白色变为茶褐色,最后变成暗褐色。病斑大小不等,边缘常被较大的叶脉限制呈不规则形。受害严重时,病叶皱缩、变硬,表面凹凸不平,甚至干枯破裂,叶片脱落。枝蔓受害,常肿胀成瘤状,表皮龟裂。

12.葡萄瘿螨的生活史及生活习性如何?

葡萄瘿螨一年发生多代,有世代重叠现象,以孤雌生殖为主,也行两性生殖。该虫主要以成螨在芽苞鳞片内越冬,一年生枝条上的芽苞鳞片内越冬虫口最多,有时也在树皮裂缝、土缝中的受害叶片上越冬。

第二年春天,葡萄萌芽时,越冬瘿螨由芽鳞、枝蔓老皮及受害叶片爬出,迁移到幼嫩叶背吸食汁液。叶背受害处由于虫体分泌物的刺激而下陷,并产生毛毡状绒毛,以保护虫体继续为害。雌螨将卵产于绒毛间,若螨和成螨均在毛斑内取食活动。一般新梢先端被害部成螨发生数量较多,老叶被害部较少,随着新梢生长,由下向上逐渐蔓延。夏季高温多雨对瘿螨发育不利,干旱年份则发生较重。成螨于葡萄落叶前开始进入越冬场所准备越冬,可随苗木和插条进行远距离传播。

13.如何防治葡萄瘿螨?

(1)苗木消毒。苗木和插条可传播瘿螨,因此,从有瘿螨地区引入苗木或插条时,定植前必须进行消毒。其方法是将苗木、插条用40℃温水浸5~7分钟后,再移入不超出50℃温水中浸5~7分钟,即可杀死潜伏的瘿螨。

(2)清除葡萄园。冬季修剪后彻底清洁田园,把病残收集起来烧毁。发病初期及时摘除病叶并且深埋,防止扩大蔓延。

(3)药剂防治。在早春葡萄叶膨大吐绒时,喷3~5波美度石硫合剂(加0.3%洗衣粉),这是防治的关键期,喷药一定要细致均匀。若历年发生严重,在葡萄发芽后喷0.3~0.5波美度的石硫合剂。在葡萄瘿螨发生高峰期使用杀螨剂,如40%炔螨特水乳剂35~40克/亩、20%哒螨灵可湿性粉剂3000~4000倍液、10%阿维·哒螨灵水乳剂2000~3000倍液、17.5%哒螨·吡虫啉可湿性粉剂500~650倍液、21%阿维·四螨嗪水分散粒剂400~500倍液。

14.如何识别葡萄粉蚧?

葡萄粉蚧(*Pseudococcus maritimus*)又名海粉蚧,属同翅目,蚧总科,粉蚧科。主要为害葡萄,还可为害枣树、槐树及桑树等多种果树和林木,是葡萄上新发生的介壳虫种类。

成虫:雌成虫无翅,体软、椭圆形,体长4.5~5毫米,宽2.5~2.8毫米,暗红色,腹部扁平,背部隆起,体节明显,身披白色蜡粉,体周缘有17对锯齿状蜡毛。

雄成虫:体长1~1.2毫米,灰黄色,翅透明,在阳光下有紫色光泽,触角10节,各足胫节末端有2个刺,腹末有1对较长的针状刚毛。

卵:长约0.3毫米,宽0.17毫米,椭圆形,暗红色。

若虫:淡黄色,体长0.5毫米,触角6节,上面有很多刚毛。体缘有17对乳头状突起,腹末有1对较长的针状刚毛。蜕皮后,虫体逐渐增大,体上分泌出白色蜡粉,并逐渐加厚。体缘的乳头状突起逐渐形成白色蜡毛。

葡萄粉蚧危害状

15.葡萄粉蚧的主要为害特点是什么?

葡萄粉蚧成虫和幼虫在叶背、果实阴面、果穗内小穗轴、穗梗等处刺吸汁液,使果实生长发育受到影响。果实或穗梗被害,表面呈棕黑色油腻状,不易被雨水冲洗掉。发生严重时,整个果穗被白色棉絮物所填塞。被害果外观差,含糖量降低,甚至失去商品价值。

16.葡萄粉蚧的生活史及生活习性如何?

葡萄粉蚧每年发生3代,以包在棉絮状卵囊中的卵在被害枝蔓裂缝和老皮下越冬,尤以老皮蔓节和主蔓近根部的老皮下居多。第二年4月上、中旬葡萄发芽时,越冬卵开始孵化为若虫,经40~50天蜕皮为成虫;5月底至6月初第一代成虫开始产卵,卵期约10天,6月中、下旬至7月下旬孵化为若虫;8月上旬第二代成虫开始产卵,8月下旬至9月上旬孵化为第三代若虫,并向根颈处及枝蔓翘皮下迁移;10月上、中旬第三代成虫开始产卵并越冬。

17.如何防治葡萄粉蚧?

(1)合理修剪,防止枝叶过密,以免给粉蚧造成适宜的环境。

(2)秋季修剪时,清除枯枝落叶和剥除老皮,刷除越冬卵块,集中烧毁。

(3)药剂防治。在各代幼虫孵化期,喷25%噻虫嗪水分散粒剂650~800倍液、10%吡虫啉可湿性粉剂20~35克/亩、70%啶虫脒水分散粒剂500~1000倍液、4%阿维·啶虫脒微乳剂10~20克/亩等杀虫剂。

18.如何识别斑衣蜡蝉?

斑衣蜡蝉(*Lycorma delicatula*)又称椿皮蜡蝉、斑蜡蝉,属同翅目,蜡蝉

斑衣蜡蝉幼龄若虫

斑衣蜡蝉成虫

科。分布广泛，在我国的甘肃、陕西、山西、河北、河南、山东等二十多个省份均有发生。寄主种类多，除危害葡萄外，还危害桃、李、梨、香椿、合欢、柳、竹、洋槐、黄杨、泡桐、国槐等多种果树和林木植物。在北方葡萄产区普遍发生。

成虫：体长15~25毫米，翅展40~50毫米，全身灰褐色，体上附有白蜡粉。头角向上卷起，呈短角突起。前翅革质，基部约三分之二为淡褐色，翅面具有20个左右的黑点，端部约三分之一为深褐色；后翅膜质，基部鲜红色，具有黑点，端部黑色，翅表面附有白色蜡粉。前翅颜色偏蓝为雄性，偏米色为雌性。

卵：椭圆形，褐色，长约3毫米，形似麦粒，排列成行，数行或块，表面覆盖灰褐色蜡粉。

若虫：体形似成虫，初孵时白色，后变为黑色。1~3龄时体为黑色，上有许多小白斑，4龄后体背呈红色，上有黑色斑纹和白色小点。

19.斑衣蜡蝉的主要为害特点是什么?

以若虫群居在葡萄的叶背及幼嫩枝干上刺吸汁液，使被害部位形成白斑，其排泄物糖液常招致蜂、蝇和霉菌生长，引起煤污病，使枝干变黑，树皮干枯或嫩梢萎缩、畸形，对树体生长发育，尤其是幼树影响更大。

20.斑衣蜡蝉的生活史及习性如何?

斑衣蜡蝉一年发生1代,以卵在树干或枝蔓分杈处越冬。第二年4月中下旬陆续孵化为若虫,5月上旬为孵化盛期。若虫稍有惊动即跳跃而逃避,经三次蜕皮,6月中、下旬至7月上旬羽化为成虫,活动危害至10月下旬。

斑衣蜡蝉幼龄若虫危害状

成虫于8月中旬开始交尾产卵,一般每块卵有40~50粒,卵块排列整齐,表面覆盖有蜡粉。成、若虫均具有群居性,飞翔能力较弱,但善于跳跃。斑衣蜡蝉喜干燥炎热,秋季多雨,影响产卵量和卵的孵化率;低温或秋寒,成虫寿命缩短。

21.如何防治斑衣蜡蝉?

(1)农业防治:结合冬、春季修剪剪除有卵块的枝条或刮除枝干上的卵块。在早晨气温较低时人工捕捉成虫,可有效减少虫量。

(2)生物防治:保护利用斑衣蜡蝉的寄生性与捕食性天敌—螯蜂和平腹小蜂。

(4)化学防治:对成虫、若虫可用10%吡虫啉可湿性粉剂20~35克/亩、70%啶虫脒水分散粒剂500~1000倍液、4%阿维·啶虫脒微乳剂10~20克/亩、4.5%高效氯氰菊酯乳油22~44克/亩等杀虫剂喷雾防治,防治关键期为幼虫盛发期。

22.如何识别葡萄透翅蛾?

葡萄透翅蛾(*Paranthrene regalis* Butler)又叫葡萄透羽蛾,葡萄钻心虫,属鳞翅目,透翅蛾科。分布较广,在浙江、安徽、江苏、河南、山东、河北、天津、吉林、辽宁及四川等地葡萄产区均有发生,主要为害葡萄,是葡萄生产中的主要害虫之一。

(1)成虫:体长18~20毫米,翅展30~36毫米,体蓝黑至黑褐色,头的前部和颈部黄色,触角紫黑色,后胸两侧黄色。前翅赤褐色,前缘及翅脉黑色。后翅透明。腹部有3条黄色横带,极似一头蓝黑色的胡蜂。雄蛾腹部末端左右各有长毛丛1束。

(2)卵:长约1毫米左右,椭圆形,略扁平,紫褐色。

(3)幼虫:老龄幼虫长38毫米左右,略呈圆筒形,头部红褐色,胸腹部黄白色,老熟时带紫红色。前胸背板上有倒“八”字纹。

(4)蛹:长18毫米左右,红褐色,圆筒形。腹部2~6节背面有刺2行,7~8节背面有刺1行,末节腹面有刺1行。

23.葡萄透翅蛾的主要为害特点是什么?

透翅蛾主要以幼虫蛀入葡萄蔓中为害,专蛀食髓部软组织,使水分和营养向上输送困难或中断,导致叶片变黄,引起落花、落果。严重者可造成被害部位以上停止生长或干枯死亡。枝蔓的受害处常肿大如瘤,极易折断枯死。

24.透翅蛾的生活史及生活习性如何?

透翅蛾一年发生1代,以老熟幼虫在葡萄枝蔓内越冬。第二年4月底至5月初越冬幼虫开始活动,在越冬枝条里咬一个圆形羽化孔,后吐丝作茧化蛹。蛹期10天左右，5月中旬至6月羽化，成虫羽化后即交配、产卵。卵多散产在新梢上，幼虫孵出后多从叶柄基部钻入新梢内为害，最后转入粗枝内为害。幼虫有转移为害习性，在7月上旬之前，幼虫在当年生的枝蔓内为害；7月中旬至9月下旬，幼虫多在二年生以上的老蔓中为害。10月份以后幼虫进入老熟阶段，继续向植株老蔓和主干集中，往返蛀食髓部及木质部内层，使孔道加宽，并刺激为害处膨大成瘤，形成越冬虫室，之后老熟幼虫便进入越冬阶段。

25.如何防治透翅蛾？

（1）农业防治：结合冬春季修剪，剪除带有残虫的枯枝，集中清理烧毁或深埋，消灭越冬虫源。

（2）物理防治：利用成虫的趋光性悬挂黑光灯诱杀成虫。也可利用葡萄透翅蛾性信息素捕捉雄成虫，以降低虫口密度。诱蛾时间从成虫羽化开始到羽化结束。每0.33~0.67公顷挂一诱捕器。诱捕器的制作方法为：在塑料容器内倒入8成左右的水，加入洗衣粉少许，将性信息素诱芯吊在容器中央高出水面0.5厘米处，将容器吊在葡萄架下离地面约1.5米处，容器中经常补加清水以保持液面高度。

（3）化学防治：葡萄生长期间，用注射针管向枝蔓上的幼虫排粪孔内注入80%敌敌畏乳油100倍液，2.5%敌杀死乳油200倍液，然后用湿泥巴封堵；在卵孵化的高峰期可喷施化学农药，如4.5%高效氯氰菊酯乳油22~44克/亩、5%阿维菌素水乳剂12~16克/亩等。

26.如何识别双棘长蠹？

葡萄双棘长蠹（*Sinoxylon viticonus* L.Hang）又名黑壳虫，戴帽虫，属鞘翅目，长蠹科，双棘长蠹属。在甘肃天水、贵州都匀、丹寮、三都等市、县有分布。目前仅发现为害葡萄属植物。

成虫：体长4.2~5. 6毫米，赤褐色，圆柱形。头密布颗粒，其前缘有一排

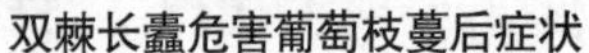
双棘长蠹危害葡萄枝蔓后症状

双棘长蠹的蛹

小瘤,额上有一条横脊。成虫棕红色触角10节,末端3节栉齿状;上颚发达,粗而短,末端平截;前胸背板帽状,盖住头部,前半部有齿状和颗粒状突起,后半部具刻点;鞘翅密布粗刻点,被灰黄色细毛,后端急剧下倾,倾斜面黑色、粗糙,斜面合缝两侧有1对刺状隆起;足棕红色。

卵:白色,卵形。

幼虫:乳白色,老熟幼虫体长约6毫米,略卷曲;胸足仅前足较发达,胫节具密而长的棕色细毛。

蛹:乳白色,半透明,羽化前头部、前胸背板及鞘翅黄色,上颚赤褐色。

27.双棘长蠹的主要为害特点是什么?

成虫和幼虫均蛀食藤蔓,在蛀蔓害虫中,其为害损失程度仅次于透翅蛾。成虫多从节部或芽下蛀入、产卵。主蔓受害后,节部木质部被蛀食,仅留下皮层。节上端的藤蔓逐渐失水干枯,极易断裂。1~2年生枝蔓受害后,髓部被纵向蛀食,生长势弱,入冬后大都失水枯死。蛀孔口常有新鲜粪屑堆积或有流胶现象发生。

28.双棘长蠹的生活史及生活习性如何?

在甘肃、贵州、石家庄等地1年发生1代,以成虫在枝蔓及老翘皮下越冬。成虫抗逆性很强,可长期存活在枯蔓中。第二年4月上旬至4月中旬,越冬成虫开始活动，选择较为粗大的藤蔓从节部芽基处蛀入，先在节部环蛀至仅留下少许木质部和皮层，再向节间蛀害、产卵，每虫道产卵1~2粒。幼虫孵化后在蛀道内继续为害，被害处以上藤蔓逐渐枯萎。蛀孔外常排出新鲜粪屑，蛀孔圆形，与透翅蛾幼虫蛀孔相似，但后者蛀道上的排屑孔较多。4月下旬至5月上旬，越冬成虫交尾产卵，新蛀虫道内雌雄虫同居时间较长。在甘肃天水，5月下旬至6月上旬为害严重，尤其是在2~3年生藤蔓上的节部芽基处，仅留下少许木质和表皮，枝条易折，被害处以上枝条逐渐枯萎，严重影响树势和产量。

10月上中旬，新一代成虫选择1~2年生侧蔓蛀入，独居越冬。

29.如何防治双棘长蠹?

(1)加强检疫

因双棘长蠹仅局部地区发生，在引进苗木时，应严格检疫，防止其蔓延。

(2)农业防治

①葡萄双棘长蠹为害时蛀口虽小，但蛀孔口常有新鲜粪屑堆积或有流胶现象发生。生长季节及冬季修剪时，彻底剪除虫蛀枝蔓和纤弱枝条，集中烧毁，消灭越冬虫源。

②加强水肥管理，增强树势，以提高葡萄生长期的抗病虫能力。

③饵木诱杀。成虫活动期，选择健康的葡萄枝条，截成小段悬挂于枝条上或埋入土中一小段，诱其钻蛀，一定时期后对饵木集中处理。

(3)生物防治

保护和利用双棘长蠹的天敌——管氏肿腿蜂和啄木鸟。可繁育和释放管氏肿腿蜂，冬季人工悬挂鸟巢，以招引啄木鸟消灭越冬成虫。还可利用其他天敌如郭公虫、寄生蜂、寄蝇、白僵菌、绿僵菌等进行防治。

(4) 化学防治

①利用双棘长蠹在4—5月份成虫交尾产卵期和7—8月份成虫外出活动期，10—17时向树冠喷洒4.5%高效氯氰菊酯乳油22~44克/亩、5%阿维菌素水乳剂12~16克/亩，喷洒叶片的同时，把茎、枝等喷透，以触杀成虫。在后

期(7—8月)必须注意药剂的选择,尽量选用低毒低残留的药剂,确保食品安全。

②随时检查,发现藤蔓节部有新鲜粪屑排出时,用注射器从蛀孔处注入少许80%敌敌畏乳油熏杀幼虫。也可用棉花蘸80%敌敌畏乳油50倍液或2.0%阿维菌素乳油500倍液等封堵虫孔口,熏杀虫道内的成虫和幼虫。

31.如何识别葡萄根瘤蚜?

葡萄根瘤蚜(*Viteus vitifolii* Fitch)属同翅目,球蚜总科,瘤蚜科。该虫是一种具有毁灭性的害虫,被列为国际、国内重要的检疫对象之一 。目前在上海市马陆镇、湖南省怀化、陕西西安市和辽宁省葫芦岛市发现葡萄根瘤蚜为害。此虫为单食性,仅为害葡萄属植物。

葡萄根瘤蚜因生活习性、环境条件不同,有根瘤型、有翅型、有性型、干母及叶瘿型,体均小而软,触角3节,腹管退化。但其传播和危害均以根瘤型为主。

根瘤型无翅孤雌蚜:体卵圆形,体长1.2~1.5毫米,鲜黄至污黄色,头部色深,足和触角黑褐色,触角粗短,全长0.16毫米,约为体长的十分之一。体背各节有许多黑色瘤状突起,各突起上各生1根毛。

有翅孤雌蚜:体长椭圆形,长约0.9毫米,先淡黄色,后转橙黄色,中后胸红褐色,触角及足黑褐色,触角3节,第三节上有2个椭圆形感觉圈。前翅翅痣很大,只有3根斜脉,后翅无斜脉。

卵:根瘤型的卵,无光泽,初为淡黄色,后变暗黄色;干母产卵在虫瘿内,淡绿色,具有光泽。

若蚜:初为淡黄色,触角及足呈半透明,以后转深色,复眼红色。

32.葡萄根瘤蚜的主要为害特点?

葡萄根瘤蚜主要为害根部,也为害叶片,以成虫和若虫刺吸葡萄根和叶的汁液。根部被害,形成根瘤,叶部受害,形成许多粒状虫瘿。欧洲系葡萄只有根部被害，美洲系葡萄和野生葡萄的根和叶都可被害。粗根被害形成瘿瘤，后瘿瘤变褐腐烂，皮层开裂，须根被害形成菱角形根瘤（或鸟头状）。被害叶向叶背凸起成囊状虫瘿，瘤蚜在瘿内吸食、繁殖，叶片畸形萎缩，甚至枯死。

33. 葡萄根瘤蚜的生活史及生活习性如何？

此虫有完整生活史和不完整生活史。根瘤蚜的繁殖能力极强，但发生世代因各地受环境条件不同而有所差异。土壤温度24℃~26℃为根瘤蚜生存繁殖的最适温度，根瘤蚜在冷凉地区1年可繁殖4~5代，在温暖地区则7~9代。夏季温度达到30℃的地区1个月1代。根瘤蚜的卵对温度耐受性较强，-11℃~-12℃的冬季低温和夏季42℃的高温对根瘤蚜基本没有伤害。此外，根瘤蚜在葡萄园淹水条件下仍能保持一定的存活率。

此虫主要以1龄若虫和少量卵在二年生以上的粗根分叉或根部缝隙处越冬。第二年4月份越冬若虫开始危害粗根，经4次脱皮后变成无翅雌蚜以孤雌生殖方式，于7—8月产卵，幼虫孵化后危害根系，形成根瘤。根瘤蚜在秋末出现两性成蚜，雌、雄交尾后产出越冬卵。该害虫主要随苗木的调运进行远距离传播。

34. 如何防治葡萄根瘤蚜？

（1）加强检疫及苗木消毒：葡萄根瘤蚜是国内外植物检疫对象，在苗木出圃时，必须严格检疫。如发现苗木有蚜害症状，必须认真消毒。消毒方法：①热水杀蚜：将苗木、插条先放入30℃~40℃热水中浸5~7分钟，然后移入50℃~52℃热水中浸7分钟；②将苗木和枝条用50%辛硫磷1500倍液浸泡1~2分钟，取出阴干，严重者可立即就地销毁。

（2）改良土壤：该害虫在沙壤土中发生极轻，土质黏重的果园应改良土壤，提高砂质含量。

（3）土壤处理：对有根瘤蚜的葡萄园或苗圃，可用二硫化碳灌注。方法：

在葡萄主蔓及周围距主蔓25厘米处,每平方米打孔8~9个,深10~15厘米,春季每孔注入药液6~8克,夏季每孔注入4~6克。但在花期和采收期不能使用,以免产生药害。

(4)药剂处理:用1.5%蒽油与0.3%硝基磷甲酚的混合液,在4月份越冬代若虫活动时对根际土壤及二年生以上的粗根根杈、缝隙等处喷药,有较好的防治作用。

35.如何识别葡萄二星斑叶蝉?

葡萄二星斑叶蝉(*Erythroneura apicalis* Nawa)又称葡萄二星叶蝉或葡萄二点叶蝉、葡萄斑叶蝉,属同翅目,叶蝉科。全国各地均有分布,尤其在北方葡萄产区近年有加重的趋势。除危害葡萄外,还危害桃、梨、苹果、樱桃及山楂等果树。

成虫:体长约2~2.5毫米,连同前翅约3~4毫米,淡黄白色,复眼黑色,头顶有两个黑色圆斑,前胸背板前缘有3个圆形小黑点,小盾板两侧各有一个三角形黑斑,翅半透明,底色黄白色,上有淡褐色斑纹。

卵:黄白色,长椭圆形,稍弯曲,长约0.6毫米。

若虫:初孵化时白色,后变黄白或红褐色,体长约2毫米。

36.葡萄二星斑叶蝉的主要为害特点是什么?

二星斑叶蝉以成虫和若虫聚集在葡萄叶片背面吸食汁液为害。被害叶片开始出现失绿小白点,以后小白点连片成白斑,严重时叶片变白、焦枯、提早脱落,并使果穗不易成熟。

37.葡萄二星斑叶蝉的生活史及生活习性如何?

二星斑叶蝉在河北北部一年发生两代,山东、山西、河南、陕西及甘肃的天水、陇南等地一年发生2~3代。成虫在果园杂草丛、落叶下、土缝、石缝等处越冬。第二年春季葡萄未发芽时,气温高的晴天,越冬成虫即开始出蛰活动。先在小麦、毛叶苕等绿色植物上为害。4—5月,葡萄展叶后即转移到葡萄上为害,喜在叶背面活动并交配产卵,卵多产在叶背叶脉两侧表皮下或绒毛中。第一代若虫发生期在5月下旬至6月上旬,第一代成虫在6月中旬开始出现,第二代成虫在8月中旬进入盛发期,第三代成虫多在9—10月为害。

此虫喜阴凉,受惊扰则蹦飞。凡地势潮湿、杂草丛生、管理粗放、通风透光不良的果园发生多、受害重。葡萄品种之间也有差别,一般叶背面绒毛少的品种受害重,绒毛多的品种受害轻。

38. 如何防治葡萄二星斑叶蝉?

(1)秋后清除葡萄园内杂草、落叶,翻地消灭越冬成虫。

(2)夏季加强栽培管理,及时摘心、整枝、中耕、锄草、管好副梢,保持园内良好的通透风光条件。

(3)药剂防治:掌握好防治时机进行喷药防治。鉴于该虫第一代若虫发生期比较一致,可在此期即5月下旬至6月上旬用80%敌敌畏乳油、50%辛硫磷乳油、50%马拉硫磷乳油、50%杀螟硫磷乳油、10%吡虫啉可湿性粉剂、70%啶虫脒水分散粒剂、4%阿维·啶虫脒微乳剂、4.5%高效氯氰菊酯乳油等喷雾防治。

39. 如何识别葡萄红蜘蛛?

葡萄红蜘蛛即葡萄短须螨(*Brevipalpus lewisi* McGregor),属蛛形纲,蜱螨目,细须螨科。该虫寄主范围广,是葡萄上的重要害虫之一,国内各葡萄产区均有分布。葡萄红蜘蛛可危害多种果树及观赏植物。

葡萄红蜘蛛虫体小,长宽一般在0.3毫米×0.1毫米之间。

雌成螨:扁卵圆形,鲜红色或橙黄色,虫体中央稍隆起,足4对,粗短多皱。

幼螨：鲜红色，足3对，白色。

若螨：淡红色或灰白色，足4对，体末端周缘具8条叶片状刚毛。

卵：橙红色，椭圆形，有光泽，约0.04毫米长，0.03毫米宽。

40.葡萄红蜘蛛的主要为害特点是什么？

以幼螨、若螨和雌成螨为害葡萄。新梢基部和叶柄受害时，其表面有褐色颗粒突起，以手摸之如癞皮状。叶片受害时，先以叶脉基部开始，叶脉两侧呈现黑褐色颗粒状斑块，叶片失绿变黄，焦枯脱落。卷须被害，表面粗糙而易落。果粒受害，前期呈浅褐色锈斑，尤以果肩为多，果面粗糙，硬化纵裂；后期则影响着色，有色品种有灰白斑。

41.葡萄红蜘蛛的生活史及生活习性如何？

葡萄红蜘蛛一年发生多代，以雌成螨在枝蔓的翘皮下、叶腋基部及松散的芽鳞绒毛内等隐蔽处群居越冬。第二年春天葡萄萌芽时越冬雌螨开始活动，为害葡萄刚展开的嫩芽。5月上、中旬开始产卵。其后，以若螨、幼螨、成螨周而复始地为害葡萄幼嫩的芽基部、叶柄、叶片、穗柄、果柄和果实，并随着新稍的生长不断向上蔓延。7—8月份发生数量最多，达为害盛期。10月中下旬开始向叶柄基部和叶腋处转移，进入11月开始越冬。

葡萄红蜘蛛的发生与环境条件，特别是温度、湿度关系密切。平均温度在29℃，相对湿度在80%~85%时，最适于其生长发育。因此，7—8月份的环境条件最适宜其繁殖，这段时间的发生数量最大，为害也重。

不同葡萄品种的生物学特性也会影响红蜘蛛的取食为害。一般叶片表面绒毛短的品种如玫瑰香、佳利酿等受害较重，而叶片绒毛密而长的品种如白香蕉、尼加拉等或绒毛少而光滑的品种如白马拉加、龙眼等则受害轻。

42.如何防治葡萄红蜘蛛?

(1)苗木处理:新建园或从外地调运的苗木,在定植前用3波美度石硫合剂浸泡3~5分钟,晾干后再定植。

(2)清洁田园:秋后葡萄越冬前或早春葡萄出土上架前应尽量刮除枝蔓上的老翘皮,并集中烧毁,消灭越冬螨。

(3)化学防治:春季葡萄发芽前在枝蔓上喷一次3波美度石硫合剂(加0.3%洗衣粉)以消灭越冬螨。生长期可选择喷0.2~0.3波美度石硫合剂或其他杀螨剂,如10%阿维·哒螨灵水乳剂2000~3000倍液、17.5%哒螨·吡虫啉可湿性粉剂500~650倍液、40%炔螨特水乳剂35~40克/亩等。

43.如何识别葡萄十星叶甲?

葡萄十星叶甲[*Oides decempunctata* (Billberg)]又名葡萄金花虫、十星瓢萤叶甲,属鞘翅目叶甲总科萤叶甲科,在大部分葡萄产区均有发生,局部地区危害严重。

成虫:体长12毫米左右,土黄色,椭圆形,似瓢虫,头小,常隐于前胸下,触角线状,淡黄色,末端4~5节为黑褐色,前胸背板有许多小刻点,两鞘翅上共有黑色圆形斑点10个,但常有变化。

卵:椭圆形,长约1毫米。初为黄绿色,后渐变为暗褐色,表面有很多无规则的小突起。

幼虫:共5龄。老熟幼虫体长约8毫米,体扁而肥胖,近长椭圆形。头小,黄褐色,胸腹部土黄色或淡黄色,除尾节无突起外,其他各节两侧均有肉质突起3个,突起顶端呈黑褐色,胸足小,前足更为退化。

蛹:体长9~12毫米,金黄色,腹部两侧呈齿状突起。

44.葡萄十星叶甲的主要为害特点是什么?

成虫和幼虫啃食葡萄叶片造成孔洞或缺刻,大量发生时将全部叶肉食尽,仅残留叶脉,幼芽也被食害,致使植株生长发育受阻,对产量影响较大,是葡萄产区的重要害虫之一。

45.葡萄十星叶甲的生活史及生活习性如何?

该虫一年发生1代,以卵在葡萄根系附近土中和落叶下越冬。第二年5月下旬越冬卵开始孵化出幼虫,6月上旬为孵化盛期。6月底幼虫陆续老熟后入土,多于3~7厘米深处做土茧化蛹,蛹期10天左右,7月上、中旬开始羽化为成虫。成虫羽化后经6~8天开始交尾,交尾后8~9天开始产卵。8月上旬至9月中旬为产卵盛期,每雌虫可产卵700~1000粒,并以卵开始越冬。

该虫的生活习性是幼虫孵出后多沿树干基部上爬,先群集为害附近芽叶,然后逐渐向上转移为害,早晨和傍晚于叶面上取食,白天潜伏隐蔽处,有假死性。成虫羽化后先在蛹室内停留1天,次日6—10时左右出土。成虫白天活动,受触动即分泌黄色具有恶臭味的黏液,并假死落地。卵呈块状,多产在距植株35厘米范围内的土面上,尤以葡萄枝干接近地面处最多。成虫寿命60~100天,9月下旬开始陆续死亡。

46.如何防治葡萄十星叶甲?

(1)农业措施

①结合秋冬季清园和翻耕土壤,清除枯枝落叶及根际附近的杂草,集中烧毁,消灭越冬卵。

②初孵化幼虫集中在下部叶片上为害时,可摘除有虫叶片,集中处理。

③在化蛹期及时进行中耕,可破坏蛹室灭蛹。

④利用成虫和幼虫的假死性，以容器盛草木灰或石灰接在植株下方，震动茎叶，使其落入容器中，集中处理。

（2）化学药剂防治

在成虫和幼虫发生期，喷施50%敌敌畏乳剂2000倍液、90%敌百虫1200倍、5%氯氰菊酯乳油3000倍液等杀虫剂。

47.如何识别白雪灯蛾?

白雪灯蛾（*Spilosoma niveus* Menrtries）也叫白灯蛾，属于鳞翅目，灯蛾科。在全国大部分地区有分布。食性较杂，可为害葡萄、农作物和杂草。一般年份对葡萄为害不大。

成虫：体白色，长约33毫米。下唇基部红色，大多数取食叶肉，而保留叶脉。造成叶片缺刻或孔洞，严重时可吃光整个叶片。

卵：圆球形，乳白色。

幼虫：3龄前幼虫体浅黄褐色，体背具2排深褐色小点；3~4龄幼虫背线黄白色，全体及毛丛褐色；5龄以后幼虫体长35毫米左右，身体红褐色，密被深褐色长毛。

蛹：体纺锤形，棕红色，大小30毫米×10毫米左右。

48.白雪灯蛾的主要为害特点是什么?

白雪灯蛾主要以幼虫啃食葡萄幼嫩叶片，造成叶片缺刻或孔洞，大多取食叶肉，而保留叶脉。严重时可吃光整个叶片。

49.白雪灯蛾的生活史及生活习性如何?

白雪灯蛾在河北、山东一带每年发生3代，以蛹在土内越冬。4月中旬至5月上旬始见成虫，第一代幼虫于5月上旬至6月中旬为害，幼虫共6龄，第一代成虫于6月中旬始见，第二代幼虫期在6月中旬至8月上旬，第二代成虫始发于8月下旬，第三代幼虫发生在8月中至9月中旬，9月中旬后化蛹越冬。成虫寿命3~14天，卵期3.5~4.1天，幼虫期27.7~31.4天，蛹期10.3~11.3天，一代历期48~52天左右。成虫羽化后第二天傍晚即开始交尾、产卵，卵喜产在叶背或茎部，多成块产下，少则6粒，多的可达160粒，每雌产卵150~750粒。成虫趋光性强，用黑光灯可诱到。成虫白天喜欢栖息在植物丛中叶背面，晚上飞出活动，20—22时活跃。初孵幼虫只啃食叶肉，3龄后把叶片吃成缺刻或孔洞，4~6龄进入暴食阶段，占总食量的90%，食料缺乏时互相残杀。幼虫白天上午也栖息在叶背面或土块及枯枝落叶下，下午开始取食，傍晚最盛，20时后又开始减少，末龄幼虫爬至地头、路旁石块或枯枝杂草丛中吐丝结薄茧化蛹越冬。

50. 如何防治白雪灯蛾？

一般不进行特殊的防治。若发生较多时，可采用幼虫灯诱杀。在蛾盛发期(7月下旬)，布置频振式杀虫灯能有效地诱杀成虫。

51. 如何识别葡萄蜗牛？

为害葡萄的蜗牛主要有以下两种：灰巴蜗牛（*Bradybaena ravida* Benson）和同型巴蜗牛［*Bradybaena similaris*（Ferussac）］。灰巴蜗牛：贝壳中等大小，壳高19毫米，宽21毫米。壳质稍厚坚固，呈圆球形，有5~6个螺层，前几个螺层增长缓慢，略膨胀，体螺层急骤增长、膨大。壳面黄褐色或琥珀色，有细而稠密的生长线和螺纹。壳顶尖，缝合线深，壳口呈椭圆形、口缘完整、略外折、锋利、易碎，轴缘在脐孔

葡萄蜗牛危害状

处外折，略遮盖脐孔，脐孔狭小，呈缝隙状。本种个体大小、螺体颜色变异较大。

同型巴蜗牛：贝壳中等大小，壳高12毫米，宽16毫米。壳质厚坚实，呈扁球形，有5~6个螺层，前几个螺层缓慢增长，略膨胀，螺旋部低矮，体螺层增长迅速、膨大，壳顶钝，缝合线深，壳面黄褐色、红褐色或梨色，有稠密而细致的生长线，在体螺层周缘或缝合线上，常有一条暗红褐色的色带，有些个体无此色带，壳口马蹄形，口缘锋利，轴缘上部和下部略外折，略遮盖脐孔。脐孔小而深，呈洞穴状。本种个体大小、螺休颜色也有较大差异。

52. 葡萄蜗牛的主要为害特点是什么?

葡萄蜗牛主要为害葡萄叶片和果实，幼螺以腐生为主，也取食嫩梢和嫩叶，成螺喜取食嫩叶，随即取食其他叶片，被为害的叶片形成孔洞。蜗牛最喜食成熟的葡萄果实，所以它的为害包括两个方面：一方面直接取食果实形成孔洞，另一方面蜗牛爬行后留下白色的黏液痕迹，令人厌恶，大大降低了葡萄的商品价值，经济损失较大。

53. 葡萄蜗牛的生活史及生活习性如何?

葡萄蜗牛一年发生一代，以成贝和幼贝在浅土层里越冬，3月中旬温度升高时开始活动，4月中旬开始产卵，直至6月下旬，卵多集中在离树干直径30~50厘米、深10~20厘米的土层内，卵一般20天左右孵出幼螺。初孵幼螺最初群集为害，以后逐渐分散。成螺和幼螺白天躲藏在作物草丛间、土缝里、葡萄叶背面或枝藤背光处，夜间出来活动为害，雨天则整天在外活动，低洼潮湿的地方最多。5—10月为害枝、叶、果实，受害严重的整个枝条枯死。干旱季节则伏在土内，壳口有白膜封闭，待到降雨湿润后又出土为害，一般11月下旬入土越冬。螺害发生与葡萄园生态环境关系密切。随着葡萄树冠不断扩大，覆盖率提高，密闭的生态条件为蜗牛创造了生长繁育的适宜环境。螺害发生与气候有关。多雨潮湿天气有利于螺害发生，连续多雨，蜗牛为害严重，干旱天气，蜗牛一般潜伏在土中，不活动为害。栽培管理与螺害有很大的关系。葡萄园管理粗放，杂草丛生，有利于蜗牛产卵孵化，螺害发生往往较为严重 。

54. 如何防治葡萄蜗牛？

(1)农业措施

①人工捕杀。于傍晚、早晨或阴天蜗牛活动时，捕捉植株上的蜗牛，集中处理或用树枝、杂草、枝叶等诱集堆，使其潜伏于诱集堆内集中捕杀。

② 清洁田园。彻底清除田间杂草、石块等可供其栖息的场所并撒上生石灰，减少其活动范围。大雨过后，在树干周围撒施一层石灰粉，厚 3~5 毫米，宽 40~50 厘米，蜗牛接触石灰粉后即被杀灭。适时中耕，翻地松土，使卵和成体暴露于土壤表面，暴晒而亡。

(2)化学药剂防治

一是在其产卵前或有小蜗牛时，亩用瑞士进口 6% 密达蜗牛灵颗粒剂(四聚乙醛)400 克撒施于地面或葡萄树根系周围，作为诱饵毒杀。第 1 次用药两周后再追加 1 次，效果更佳。 一旦蜗牛爬到植株上部，傍晚可用喷雾型密达 25 克兑水 15 千克，均匀喷洒在蜗牛附着位置，注意叶片的正反面均要喷施。 二是用 50% 蜗克星可湿性粉剂和 30% 除蜗特防治，蜗克星可以直接对水喷雾，幼虫期防效理想。在一天中，傍晚喷施药剂防治效果好。

55. 如何识别绿盲蝽？

绿盲蝽(*Lygus lucorum* Meyer-Dur) 属半翅目，盲蝽科。分布广泛，食性较杂，寄主较多，除为害葡萄外，还可为害苹果、桃、梨等果树和许多木本及草本绿化植物。

成虫：体长约 5 毫米，宽 2.2 毫米，绿色，密被短毛，头部三角形，黄绿色，复眼黑色突出，无单眼，触角 4 节丝状，较短，约为体长 2/3，第 2 节长等于 3、4 节之和，向端部颜色渐深，1 节黄绿色，4 节黑褐色。前胸背板深绿色，布许多小黑点，前缘宽。小盾片三角形微突，黄绿色，中央具一浅纵纹。前翅膜片半透明暗灰色，其余绿色。足黄绿色，后足腿节末端具褐色环斑，雌虫后足腿节较雄虫短，不超腹部末端，跗节3节，末端黑色。

绿盲蝽危害状

卵：长1毫米，黄绿色，长口袋形，卵盖奶黄色，中央凹陷，两端突起，边缘无附属物。

若虫：5龄，与成虫相似。初孵时绿色，复眼桃红色。2龄黄褐色，3龄出现翅芽，4龄超过第1腹节，2、3、4龄触角端和足端黑褐色，5龄后全体鲜绿色，密被黑细毛，触角淡黄色，端部色渐深，眼灰色。

56.绿盲蝽为害葡萄的主要特点是什么？

绿盲蝽主要以若虫和成虫刺吸为害葡萄未展开的芽或刚刚展开的嫩叶、花序和新梢等。被害幼叶最初出现细小红褐色坏死斑点，叶长大后形成无数孔洞，叶缘开裂，严重时叶片扭曲皱缩，显得粗老或呈畸形。花蕾被害产生小黑斑，渗出黑褐色汁液。新梢生长点被害呈黑褐色坏死斑，但一般生长点不会脱落，幼花穗被害后便萎缩脱落。

57.绿盲蝽的生活史及生活习性如何？

该虫有卵-若虫-成虫三种虫态。在北方一年发生4~5代，以卵在桃、石榴、葡萄、棉花枯断枝茎髓内以及剪口髓部越冬。第二年4月上旬，越冬卵开始孵化为若虫，开始为害葡萄，白天潜伏，夜间取食葡萄嫩芽和幼叶的汁液，随着芽的生长，为害逐渐加重，5月份达到为害盛期。5月底至6月初成虫从葡萄树上迁飞到杂草、其他果树、花卉、棉花等植物上为害。8月下旬开始，出现4代或5代成虫，10月初产卵越冬。成虫善于飞翔，略有趋光性。成虫将卵产于植物茎皮组织内,卵期10天左右。若虫共5龄,到3龄后出现翅芽。成虫和若虫均不耐高温干旱,气温20℃、相对湿度在80%的条件下适宜绿盲蝽的发生与为害。

58.如何防治绿盲蝽?

(1)农业措施

①清洁果园。清除葡萄园周围蒿类杂草及杞柳等杂树。葡萄园内避免间作绿叶类、直根类等蔬菜。多雨季节注意开沟排水、中耕除草,降低园内湿度。

②搞好果园管理。搞好管理(抹芽、副梢处理、绑蔓),改善架面通风透光条件。对幼树及偏旺树,避免冬剪过重,多施磷钾肥料,控制用氮量,防止葡萄徒长。

(2)化学农药防治

在绿盲蝽为害严重的果园,于葡萄萌芽初期和新梢刚抽出时或绿盲蝽孵化为若虫期间,及时喷洒药剂进行防治。常用化学药剂有10%安绿宝或2.5%保得2000倍液、20%好年冬或2.5%绿色功夫乳油3000倍液以及其他低毒的有机磷类杀虫剂。

59.如何识别白粉虱?

白粉虱[*Trialeurodes vaporariorum* (Westwood)],别名温室白粉虱,俗称小白蛾、白飞虱,属同翅目,粉虱科。白粉虱寄主范围非常广,分布比较广,以北方地区发生过严重,可为害果树、蔬菜、花卉等约121科898种植物。

成虫:体长0.95~1.4毫米。淡黄白色至白色,雌雄均有翅,翅面覆有白色蜡粉,停息时双翅在体上合成屋脊状,翅端半圆状遮住整个腹部,沿翅外缘有1排小颗粒。

卵:长椭圆形,长径0.2~0.25毫米,侧面观长椭圆形,基部有卵柄,从叶背的气孔插入植物组织中,卵产于叶背面。初产时为淡绿色,覆有蜡粉,而后渐变褐色，孵化前呈黑色。

若虫：若虫共4龄。1龄若虫体长约0.29毫米，长椭圆形，2龄约0.37毫米，3龄约0.51毫米，淡绿色或黄绿色，足和触角退化，紧贴在叶片上固着生活。

伪蛹：4龄若虫又称伪蛹体，长0.7~0.8毫米，椭圆形，初期体扁平，逐渐加厚，中央略高，黄褐色，体背有长短不齐的蜡丝，体侧有刺。

60.白粉虱为害葡萄的主要特点是什么？

白粉虱主要以成虫和若虫群集在叶片背面吸取葡萄汁液，使叶片褪绿、变黄或变白萎蔫甚至枯死，从而使植株生长受阻、衰弱。同时，成虫排出的类似蚜虫所排出的蜜露物质，不仅影响作物的呼吸同化作用、污染叶片及果实，而且能引起霉污等病害的发生。此外，白粉虱还可传染病毒病。

61.白粉虱的生活史及生活习性如何？

白粉虱的成虫虫体很小，常群居在葡萄叶背面，摇动叶片后成群飞舞。在温室中，白粉虱每年发生十余代，世代重叠现象严重，白粉虱冬季在露地不能生存，但能在温室内越冬。春季葡萄萌芽后，白粉虱开始为害葡萄，初孵化的若虫伏在叶背不动，吸食叶片汁液，使叶片褪色变黄，生长衰弱。

白粉虱在叶片上产卵，卵孵化成若虫后，继续在叶片上找到适当的吸食部位后便固定在叶片背面吸食，虫口密度大时，中下部叶片会布满若虫。若虫、成虫分泌大量黏液，污染葡萄叶片和果实，分泌液常常诱发煤污病，影响叶片的光合作用和果实外观。

白粉虱各种虫态在葡萄植株上呈明显的塔状分布，最上部的嫩叶成虫群居并产下大量粉笔末状淡黄色或白色的卵，逐级向下，叶片上卵变成黑色，中部叶片多是初龄若虫，向下为老龄若虫，最下部叶片上主要是蛹和蛹壳。由于设施内天敌数量很少，所以对白粉虱的自然抑制作用很小。

62. 如何防治白粉虱?

(1)生物防治

在设施内可释放人工饲养的丽蚜小蜂防治温室白粉虱,效果很好。一般释放成蜂"黑蛹"10~15头/株,可根据白粉虱的发生情况分期释放。

(2)物理防治

①消灭、杜绝虫源。白粉虱以成虫在温室瓜菜等上面或温室内的枯枝落叶上越冬,所以应抓住这个关键时期清扫室内的枯枝落叶,集中销毁,彻底消灭越冬虫源。

②在设施内,若发生较轻时,根据白粉虱的趋黄特性,可张挂黄板诱杀成虫。温室的通风口处应设防虫网杜绝外来虫源。

(3)化学防治

敌敌畏熏蒸。选晴天上午,先喷1000倍40%氧化乐果,消灭卵和小若虫,然后按每公顷温室用80%敌敌畏75克、水7千克、锯末20千克拌匀,均匀撒在植株行间或篱下,将温室密闭,5~7天熏1次,经过4~5次可基本杀死相继孵化的若虫。在葡萄生长季节喷洒溴氰菊酯2000倍液、40%氧化乐果乳油700倍液等其他杀虫农药,连续喷洒4~5次,直至完全消灭若虫和成虫。

63. 如何识别盗毒蛾?

盗毒蛾[(*Porthesia similes* (Fueszly)]属鳞翅目,毒蛾科,在我国大部分地区均有分布。盗毒蛾食性较杂,可为害果树、林木等多种植物。

雌虫:体长18~20毫米,翅展35~45毫米;雄虫体 长14~16毫米,翅展30~40毫米。体翅均为白色,头、胸、足及腹部均为白色带微黄,触角双栉齿状,复眼黑色,前翅后缘近臀角处和近基部各有1个黑褐色斑。雌虫腹部肥大,末端有金黄色毛丛,雄虫腹部第3节后各节有稀疏的黄色短毛。

幼虫:体长6~40毫米,头暗褐色,体黑褐色至黑色,臀部黄色,背线红褐色,体背各节具黑色毛瘤2对,瘤上生黑色长毛束和褐色短毛, 亚背线白色,第9腹节毛瘤全为橙色,上生黑褐色长毛。

蛹:长12~16毫米,长圆筒形,棕褐色,胸腹各节有幼虫毛瘤痕迹,上生黄色短毛。茧长椭圆形,较薄,上附幼虫体毛。

卵:扁圆形,长0.6~0.7毫米,黄色,中央凹陷,常数十粒排在一起,卵块呈长袋形,表面覆有黄毛。

64.盗毒蛾为害葡萄的主要特点是什么?

盗毒蛾主要是幼虫危害葡萄嫩芽、嫩梢、嫩叶等,初孵幼虫群居在叶上取食叶肉,叶面出现块状透明斑。3龄后分散为害,形成叶片大缺刻,重者仅剩叶脉,叶面呈网格状,受害嫩芽多由外层向内剥食。

65.盗毒蛾的生活史及生活习性如何?

在山西等地1年发生2~3代, 以2~4龄幼虫在果树(苹果树、枣树)主干老翘皮、枝干缝隙和枯叶间结薄茧越冬,老翘皮处居多,多群居。第二年3月下旬至4月上旬果树发芽时越冬幼虫破茧而出,转移至顶芽、侧芽、嫩叶和叶片上取食为害,4月下旬至5月上旬老熟幼虫在枝干缝隙或枝叶间缀叶化蛹,蛹期10~15天,5月中、下旬越冬代成虫进入羽化盛期(从出蛰到羽化约60天,出蛰不整齐,龄期也不整齐),3天后进入产卵盛期。成虫多产卵于枝干或叶片背面, 每个雌虫可产卵200~600粒, 十几粒至上百粒排在一起成块状,卵块外覆盖一层黄色绒毛,卵期约7天。6月上、中旬幼虫孵化,7月上旬幼虫老熟化蛹,7月中旬第1代成虫出现(约40天),7月中、下旬成虫进入产卵盛期,直到9月上、中旬第2代成虫进入产卵盛期,9月下旬至10月上旬2~4龄幼虫进入越冬场所结茧越冬。

盗毒蛾成虫羽化多在下午、傍晚,飞翔活跃,深夜至凌晨取食交尾产卵,有趋光性。幼虫有假死性,受惊后体蜷缩,直接落地或吐丝下垂,昼伏夜出,一般夜间取食,白天潜伏于叶背、枝干背阴处。

66.如何防治盗毒蛾?

(1)农业措施

①树干绑草,秋季(9月上、中旬)幼虫越冬前,在树干上绑草,诱集越冬幼虫,至第二年2月取下草环集中烧毁。

②果树落叶后至第二年2月刮除果树老翘皮,清除园内枝叶,集中烧毁或深埋。

③摘除卵块。在成虫产卵盛期人工摘除卵块。

④灯光诱杀成虫。利用成虫的趋光性,在园内摆放黑光灯、杀虫灯等诱杀成虫,减少卵量和幼虫量。

(2)化学药剂防治

萌芽期(3月下旬)及成虫发生盛期(5月上中旬,7月上中旬,9月中、下旬)后3~7天,低龄幼虫扩散为害前喷药,时间以每天下午至傍晚前后为宜。萌芽期防治效果最好,此期出蛰幼虫多集中于花芽和叶芽上,药物易喷到。从萌芽期开始喷药,一般间隔7~10天1次,连喷2~3次。喷于叶背、枝干背阴处,做到叶片、枝干全面着药。可用2%甲维盐乳油8000倍液+丙溴磷2500倍液+渗透剂,或者25%阿维灭幼脲悬浮剂2500倍液+马拉硫磷800倍液+渗透剂,或者48%乐斯本1000~1200倍液+氟虫脲或杀铃脲2500倍液。

67.如何识别葡萄天蛾?

葡萄天蛾(*Ampelophaga rubiginosa* Bremer et Grey),别名车天蛾、轮纹天蛾和豆虫等。在我国东北、华北、西北、华东、河南、广东、四川等葡萄产区均有发生,可为害葡萄、爬山虎等植物。

成虫:体长45毫米左右,翅展85~100毫米,体粗壮,体、翅茶褐色。体背自前胸到腹端有一条灰白色直纹。前翅各横纹均为暗茶褐色,中横线较宽,外横线较细,波纹状。近外缘有不显著的棕色带1条,顶角有较浓的三角斑1块。后翅棕褐色,外缘及后角附近各有茶褐色带1条,缘毛色稍红。

卵：球形，表面光滑，有光泽，高1.2~1.4毫米，最宽处1.3~1.5毫米。初产时绿色，孵化前褐绿色。

幼虫：老熟幼虫体长69~73毫米，头宽5.6~6.0毫米，幼虫初孵化时头顶有1个角状突起，抱持枝蔓或叶柄，头胸收缩稍抬起，受到触动，头胸左右摆动，吐绿水。背线两侧有黄色纵条，腹部背浅绿色，较细，两侧有呈八字形的黄色斜纹，亚背线淡黄色，气门黄色，尾角长9.0~9.8毫米，较粗壮。幼虫在夏季是绿色型，在秋季是褐色型。

蛹：长纺锤形，长55~57毫米，腹部第四节宽14.5~14.8毫米，棕色至棕黑色。臀棘细，长3.3~3.5毫米，末端分叉不明显。

68. 葡萄天蛾为害葡萄的主要特点是什么？

葡萄天蛾主要以幼虫取食葡萄叶片，幼龄幼虫可将叶片吃成缺刻或孔洞，3龄以后幼虫食量增大，为害叶片时可将整个叶片的叶肉吃光，仅剩下叶脉和叶柄，树势衰弱，严重影响产量和品质。此虫多零星发生。

69. 葡萄天蛾的生活史及生活习性如何？

该虫1年发生2代，以蛹在表土层内越冬。第二年5月底至6月上旬开始羽化，6月中、下旬为盛期。成虫白天潜伏，夜晚活动，有趋光性，成虫产卵于叶片背面，卵期7天左右。6月下旬始见幼虫，夜晚取食为害，幼虫期约45天，7月下旬幼虫老熟陆续化蛹，蛹期10天，8月上旬开始羽化，8月中、下旬为盛期，9月下旬为末期。8月中旬第二代幼虫开始为害，至9月下旬陆续老熟入土化蛹越冬。

70. 如何防治葡萄天蛾？

（1）农业措施防治。

结合葡萄冬季埋土及春季出土，挖除在表土层中越冬的蛹，减少第二年的发生量。

(2)物理措施防治。

利用成虫趋光性,设置黑光灯诱杀成虫。

(3)化学药剂防治。

在幼虫发生期及为害期,及时喷洒Bt乳剂600倍液、90%敌百虫1200倍液或50%敌敌畏1000倍液,均能收到良好防效。

71.如何识别雀纹天蛾?

雀纹天蛾(*Theretra japonica* Orwa),别名葡萄绿褐天蛾、葡萄叶褐天蛾、爬山虎天蛾和葡萄斜条天蛾等,属鳞翅目,天蛾科,全国大部分地区均有分布。可为害葡萄、常春藤、爬山虎、白粉藤、刺槐、榆树等植物。

成虫:体长为40毫米左右,体褐绿色。头及胸部两侧有白色鳞毛,胸背中线为白色,腹部背中线为橙褐色,背线两侧有橙黄色纵线。前翅黄褐色,从顶角至后缘有6条暗褐色斜线纹。后翅黑褐色,外缘为灰褐色。

卵:近球形,浅绿色。

幼虫:老熟时体长为80毫米左右,青绿色或褐色。前胸较细,中后胸逐渐膨大,腹部各节两侧有不明显的斜纹,其背面有黄色眼形斑1对。尾角细长,赤褐色,端部向上方弯曲。蛹浅棕色,腹部第八节后为黑褐色。

蛹:灰褐色。长约36~38毫米。

72.雀纹天蛾为害葡萄的主要特点是什么?

雀纹天蛾主要以幼虫为害,取食叶片,从叶缘向内啃食叶片,经常将整个叶片取食吃尽才向其他叶片转移,继续为害。很少有从叶片中部取食叶肉造成孔洞的情况。

73. 雀纹天蛾的生活史和生活习性如何？

一年发生1~4代，因地区而异，以蛹在土中越冬。上海一年发生1代。雀纹天蛾幼虫第二年6—7月羽化成蛾，成蛾有趋光性，7—8月幼虫陆续发生危害。华北地区一年发生1~2代，以蛹越冬，第二年6—7月间出现成虫，趋光性和飞翔力强，喜食糖蜜汁液，夜间交配与产卵，卵产在叶片背面，卵期为7天左右。6月下旬出现幼虫，初孵幼虫有背光性，白天静伏在叶背面，夜间取食。随着虫龄增长，其食量猛增，常将叶片食光。10月幼虫老熟，入土化蛹越冬。该虫一年发生代数，因地区不同而有差异，江西和广东地区一年发生约4代，均以蛹在土中越冬。

74. 如何防治雀纹天蛾？

（1）诱杀成虫。结合防治其他害虫，采用新型高压黑光灯诱杀成虫。

（2）化学药剂防治。幼虫为害期喷施高含量Bt粉剂或50%辛硫磷乳剂1500倍液防治。幼虫初孵期可喷施20%灭幼脲1号8000倍液防治，此药对大龄幼虫防效差。发生不严重时，不用打药，有利于保护长脚胡蜂、绒茧蜂、卵寄生蜂和益鸟等天敌。

75. 如何识别葡萄虎蛾？

葡萄虎蛾（*Seudyra subflava* Moore）又叫葡萄修虎蛾、葡萄虎斑夜蛾和葡萄黏虫等，只危害葡萄和野葡萄。

成虫：体长18~20毫米，翅展44~47毫米，头、胸及前翅紫褐色，体翅上密生黑色鳞毛。前翅中央各有1个肾状纹和环状纹，后翅橙黄色，臀角有1橘黄色斑，中室有一黑点。腹部杏黄色，背面有1列紫棕色毛簇。

幼虫：老龄幼虫长40毫米，头部黄色，上有明显黑点，胸腹背面淡绿色，前胸背板及两侧为黄色。体节上有大小黑色斑点，密生白毛。

蛹：长20毫米，红褐色，尾端齐，有臀刺突起。

76.葡萄虎蛾为害葡萄的主要特点是什么？

葡萄虎蛾主要以幼虫咬食嫩芽和叶片，芽被咬伤后发育受阻，叶片被咬成缺刻或孔洞。幼虫常群集暴食，严重时叶片被吃光，咬断小穗梗和果梗，影响葡萄的生长发育，产量损失严重。

77.葡萄虎蛾的生活史及生活习性如何？

葡萄虎蛾一年发生2代，以蛹在葡萄根部附近或葡萄架下的土中越冬。第二年5月中、下旬越冬蛹开始羽化为第一代成虫，6月上、中旬产卵，6月下旬幼虫孵化，7月中旬左右幼虫化蛹，7月中旬至8月中旬出现第二代成虫，8月下旬至9月中旬为第二代幼虫危害期。幼虫老熟后入土做一土室化蛹越冬。成虫白天隐蔽在叶背面或杂草丛内，夜间交尾产卵，有趋光性。卵散产在叶片上，初孵幼虫取食幼芽和嫩叶，2龄以后白天静伏叶上，夜间取食叶片。幼虫受惊时头部摆动，并吐黄色黏液。

78.如何防治葡萄虎蛾？

（1）农业措施

①清除虫源。早春在葡萄根附近或葡萄架下结合出土整地，挖除越冬蛹。

②诱杀及人工捕杀。由于葡萄虎蛾成虫具有趋光性，可设置黑光灯诱杀。结合葡萄整枝打杈，利用葡萄虎蛾幼虫白天静伏在叶背的习性，进行捕杀。

（2）化学药剂防治

幼虫期喷洒1.2%烟碱乳油1000倍液，50%敌百虫乳油或90%晶体敌百虫800~1000倍液。

79.如何识别棉铃虫?

棉铃虫(*Helicoverpa armigera* Hubner)别名青虫、番茄蛀虫、玉米穗虫等,属鳞翅目,夜蛾科,全国均有分布。食性较杂,寄主范围宽,除为害葡萄外,还可为害苹果、无花果、草莓、柑橘等果树及茄果类蔬菜、粮食作物、花卉等,而棉花是其主要为害对象。

成虫:灰褐色中型蛾,体长15~20毫米,翅展31~40毫米,复眼球形,绿色(近缘种烟青虫复眼黑色)。雌蛾赤褐色至灰褐色,雄蛾青灰色,棉铃虫的前后翅,可作为夜蛾科成虫的模式,其前翅外横线外有深灰色宽带,带上有7个小白点,肾纹,环纹暗褐色。后翅灰白,沿外缘有黑褐色宽带,宽带中央有2个相连的白斑。后翅前缘有1个月牙形褐色斑。

卵:半球形,大小0.5毫米左右,顶部微隆起;表面布满纵横纹,纵纹从顶部看有12条,中部2纵纹之间夹有1~2条短纹且多2~3岔,所以从中部看有26~29条纵纹。

幼虫:共有6龄,有时5龄,老熟6龄虫长约40~50毫米,头黄褐色有不明显的斑纹,幼虫体色多变,分4个类型:①体色淡红,背线,亚背线褐色,气门线白色,毛突黑色。②体色黄白,背线,亚背线淡绿,气门线白色,毛突与体色相同。③体色淡绿,背线、亚背线不明显,气门线白色,毛突与体色相同。④体色深绿,背线、亚背线不太明显,气门淡黄色。气门上方有一褐色纵带,是由尖锐微刺排列而成(烟青虫的微刺钝圆,不排成线)。幼虫腹部第1、2、5节各有2个毛突特别明显。

蛹:长17~21毫米,纺锤形,赤褐至黑褐色,腹末有一对臀刺,刺的基部分开。气门较大,围孔片呈筒状突起较高,腹部第5~7节的点刻半圆形,较粗而稀(烟青虫气孔小,刺的基部合拢,围孔片不高,第5~7节点刻细密,有半圆,也有圆形的)。入土5~15厘米化蛹,外被土茧。

80. 棉铃虫为害葡萄的主要特点是什么?

棉铃虫主要以幼虫蛀食为害葡萄。棉铃虫幼虫可取食葡萄浆果,蛀成孔洞,引起浆果腐烂。为害葡萄花蕾引起凋落,啃食叶片成孔洞和缺刻。

81. 棉铃虫的生活史及生活习性如何?

棉铃虫发生的代数因年份、地区而异。棉铃虫在黄河流域棉区年发生3~4代,长江流域棉区年发生4~5代,以滞育蛹在土中越冬。第1代主要在麦田危害,第2代幼虫主要危害棉花顶尖,第3~4代幼虫主要危害棉花的蕾、花、铃,造成受害的蕾、花、铃大量脱落,对棉花产量影响很大。第4~5代幼虫除危害棉花外,有时还会成为玉米、花生、豆类、蔬菜和果树等作物上的主要害虫。成虫有趋光性,羽化后即在夜间闪配产卵,卵散产,较分散。一头雌蛾一生可产卵500~1000粒,最高可达2700粒。卵多产在叶背面,也有产在正面、顶芯、叶柄、嫩茎上或农作物、杂草等其他植物上。幼虫孵化后有取食卵壳习性,初孵幼虫有群集限食习性,二三头、三五头在叶片正面或背面,头向叶缘排列、自叶缘向内取食,结果叶片被吃光,只剩主脉和叶柄或成网状枯萎,造成干叶。1~2龄幼虫沿柄下行至苗顶芽处自一侧蛀食或沿顶芽处下蛀入嫩枝,造成顶梢或顶部簇生叶死亡,危害十分严重。3龄前的幼虫食量较少,较集中,随着幼虫生长而逐渐分散,进入4龄食量大增,可食光叶片,只剩叶柄。幼虫7—8月份为害最盛。棉铃虫有转移危害的习性,一只幼虫可危害多株苗木。

82. 如何防治棉铃虫?

(1)减少虫口基数。秋耕冬灌,压低越冬虫口基数。秋季棉铃虫危害重的果园进行秋耕冬灌和破除田埂,破坏越冬场所,提高越冬死亡率,减少第一代发生量。

(2)成虫有趋光性，可用黑光灯诱杀成虫。可保护天敌，有利于葡萄园生态环境的改善。

(3)利用棉铃虫成虫对杨树叶挥发物具有趋性和白天在杨树枝把内隐藏的特点，在成虫羽化、产卵时，在葡萄园内摆放杨树枝把诱集成虫，是行之有效的方法。每亩地放8把左右，日出前将诱集到的成虫集中处理。

(4)化学防治

棉铃虫的防治应以生物性农药或对天敌杀伤小的农药为主。棉铃虫发生较重地块，在产卵盛期或孵化盛期至3龄幼虫前，局部喷洒拉维因、卡死克、赛丹、BT制剂等防治。关键是抓住防治时期。

83.如何识别葡萄虎天牛？

葡萄虎天牛(*Xylotrechus pyrrhoderus* Bates)，又名葡萄枝天牛、葡萄脊虎天牛、葡萄虎斑天牛、葡萄斑天牛，属鞘翅目，天牛科。在东北、西北、华北、华中和华东均有发生。幼虫为害一年生枝，因横向切蛀，形成了一极易折断的地方，每年5—6月间会大量出现新梢凋萎的断蔓现象，对葡萄生产影响较大。

成虫：体长9~15毫米，雌虫略大于雄虫。头部黑色，额部从唇基向上分成三条隆起如↓状。复眼黑褐色，触角除第一节黑色外，其余全为黑褐色。胸部赤褐色，略呈球形。上密布微细刻点，并着生黑色短毛。翅鞘黑色，两翅鞘合并时基部呈“X”形黄白色斑纹，近末端处有一黄白色横纹。腹部腹面有黄白色横纹3条。

卵：椭圆形，一端稍尖，乳白色。卵长约1毫米，宽0.5毫米。

幼虫：老熟幼虫体长约13~17毫米，全体淡黄白色。头甚小，黄褐色。前胸背板宽大，淡褐色，后缘有一山字形细沟纹。无足，腹面具有椭圆形移动器。

蛹：长约10~15毫米，黄白色，复眼为赤褐色。

84.葡萄虎天牛为害葡萄的主要特点是什么?

葡萄虎天牛主要以幼虫蛀食葡萄枝蔓,被害部位的枝蔓表皮稍微隆起变黑,虫粪排于隧道内,表皮无虫粪,故不易被发现。幼虫蛀入木质部后,常将枝横向切断,造成枝条枯死,遇风容易折断。

85.葡萄虎天牛生活史及生活习性如何?

葡萄虎天牛每年发生1代,以低龄幼虫在葡萄枝蔓内越冬。次年春季,4月中、下旬葡萄发芽后开始活动。随龄期增大,可把枝条蛀空,使其充满虫粪、木屑,有时将枝条横向蛀断,使枝条枯死,枝头脱落。6月上、中旬老熟幼虫在接近断口处化蛹,蛹期10~15天。7月中旬至8月下旬陆续羽化出现成虫,产卵于新梢冬芽旁侧的芽鳞缝隙内或芽腋、叶腋缝隙处,卵散产,经5~6天孵化为幼虫,由芽部蛀入茎内,粪便排于枝内。故从外部难以发现虫道。落叶后在节的附近,被害处表皮变黑,易于识别。

86.如何防治葡萄虎天牛?

(1)清除虫源

结合秋冬季修剪,在晚秋葡萄落叶后或早春上架时仔细检查枝蔓有无变黑之处,发现后剪除变黑枝蔓。必须保留的大枝蔓,可用铁丝刺杀或塞入敌敌畏药棉球毒杀。结果枝不萌发或萌发后不久即萎蔫的,可能为虫害枝蔓,亦可按上述方法处理,以消灭越冬幼虫。

(2)化学药剂防治

在害虫发生严重的果园内,在成虫盛发期喷洒50%杀螟松乳油1000倍液或20%杀灭菊酯3000倍液或用棉花蘸50%敌敌畏乳油200倍液堵塞虫孔,成虫产卵期喷500倍的90%敌百虫或1000倍的50%敌敌畏乳油。

87.如何识别星天牛?

星天牛(*Anoplophora chinensis* Forster)别名白星天牛、银星天牛、橘星天牛,属鞘翅目,天牛科,全国范围内分布普遍。除为害葡萄外,还可为害苹果、梨、杏、桃、樱桃、杨、柳、刺槐等植物。

成虫:体长22~32毫米,雌虫体大,雄虫体小,全体漆黑色,并有光泽,头部中央有一纵向凹陷。触角第一、二节黑色,其余各节前半部黑色,后半部蓝白色,雄成虫触角约比身体长1倍。前胸两侧各有一刺状突起,小盾板白色。鞘翅上散生许多大小不一的白斑点。

卵:长约6毫米,略弯曲,黄白色,孵化前为黄褐色。

幼虫:体长约45毫米,淡黄色,略呈圆筒状。头前端褐色,前胸盾板前方左右各有一曲形黄褐色斑纹,后半部有一隆起的凸形黄褐色斑纹。

蛹:乳白色,触角细长、弯曲,逐渐变黑褐色。

88.星天牛为害葡萄的主要特点是什么?

星天牛以成虫咬食葡萄枝蔓、幼芽及叶片为主。严重时枝蔓周围连片破坏,露出木质部,大量叶片被咬成不规则的孔洞。常常在枝蔓的产卵处产有胶状物质,初孵幼虫侵害韧皮部,大龄幼虫侵害木质部及根部,所蛀隧道内充满木屑,并有一排气孔,轻则影响葡萄养分及水分输送,重则被害处折断、枯死。

89.星天牛生活史及生活习性如何?

一般星天牛在南方每年发生1代,北方地区3年2代或2年1代,以幼虫在被害寄主木质部内越冬。越冬幼虫于次年3月以后开始活动,在南方于清明节前后多数幼虫凿成长3.5~4厘米、宽1.8~2.3厘米的蛹室和直通表皮的圆形羽化孔，虫体逐渐缩小，不取食，伏于蛹室内，4月上旬气温稳定到15℃以上时开始化蛹，5月下旬化蛹基本结束。蛹期长短各地不一，台湾10~15天，福建20天左右，浙江19~33天。5月上旬成虫开始羽化，5月底至6月上旬为成虫出孔高峰，成虫羽化后在蛹室停留4~8天，待身体变硬后才从圆形羽化孔外出，啃食寄主幼嫩枝梢树皮补充营养，10~15天后才交尾，在浙江省整天都可进行交尾，但以晴而无风的8—17时为多，在福建成虫多在黄昏前活动、交尾、产卵，破晓时候亦较活跃，中午多停息枝端，待21时后及阴雨天亦多静止。

雌雄虫可多次交尾，交尾后3~4天，一般于6月上旬，雌成虫在树干下部或主侧枝下部产卵，7月上旬为产卵高峰，以树干基部向上10厘米以内为多，占76%；10厘米到1米内为18%，并与树干胸径粗度有关，以胸径6~15厘米为多，而7~9厘米占50%。产卵前先在树皮上咬一个深约2毫米，长约8毫米的"T"或"人"形刻槽，再将产卵管插入刻槽一边的树皮夹缝中产卵，一般每一刻槽产1粒，产卵后分泌一种胶状物质封口，每一雌虫一生可产卵23~32粒，最多可达71粒。成虫寿命一般40~50天，从5月下旬开始至7月下旬均有成虫活动。成虫飞行距离可达40~50米。

星天牛卵期9~15天，于6月中旬孵化。7月中、下旬为孵化高峰，幼虫孵出后，即从产卵处蛀入，向下蛀食于表皮和木质部之间，形成不规则的扁平虫道，虫道中充满虫粪。1个月后开始向木质部蛀食，蛀至木质部2~3厘米深度就转向上钻蛀。9月下旬后，绝大部分幼虫转头向下，顺着原虫道向下移动，至蛀入孔后，再开辟新的虫道向下部蛀进，并在其中为害和越冬，整个幼虫期长达10个月，虫道长35~57厘米。

90. 如何防治星天牛？

(1)人工捕杀。在成虫发生期，于晴天中午前后捕杀成虫。成虫产卵期，检查主蔓及枝蔓，尤其是近地面30~60厘米的地方，发现胶状物质，即用小刀挑出卵粒。抓住幼虫在皮下蛀食2个多月这一特点，自7—10月间，检查产卵伤口，有无木屑与虫粪。发现后用小刀挑开皮层，杀死幼虫。

(2)涂蔓防治。在害虫发生严重的葡萄园,可采取涂干的方法。一般按生石灰1份、硫黄粉1份、水40份的比例混合制成白色涂剂,涂于葡萄枝蔓上,防止成虫产卵。涂一次可保持2个月。

91.如何识别多色丽金龟?

多色丽金龟(*Anomala smaragdina* Ohaus)别名拟异丽金龟,属鞘翅目,金龟科,在东北、内蒙古、河北山西、山东、甘肃、青海等地均有分布。食性较杂,除为害葡萄外,还可为害多种果树、林木及禾本科植物。其成虫取食叶片,幼虫为害植物的地下根和根颈。

成虫:卵圆形,体长12~16毫米、宽7~9毫米。体色变异大,大致分为三种色型:①头、前胸背板、小盾片、臀板深铜绿色,鞘翅黄褐色,有明显浅铜绿色闪片,前胸背板两侧有淡褐色纵斑。②全体呈深铜绿色。③与②色型相似,但为紫铜绿色。成虫唇基长大、梯形,前缘近横直,刻点稠密、连线成皱状,头顶隆拱,头面密布前粗后细的刻点。成虫触角9节,腮部3节,雄虫的长等于或略长于其前5节总长的1.5倍。前胸背板密布横扁圆形刻点,除后缘中段(小盾片前)外,四周皆有边缘,但后缘侧段边缘不明显,内隔横沟明显。小盾片近半圆形,密布扁横刻点。鞘翅可见4条纵肋,近缝肋的两条明显。腹部前3~4节侧端纵脊状,无或有淡色斑点。臀板短阔三角形,上部有少数绒毛,前足胫节外缘具2齿,前、中足大爪分叉。雄虫外生殖器阳基侧突,背面观呈裤筒状,基半部渐收狭,末端较平截呈弯钩状。

幼虫:3龄幼虫体长28~32毫米,头前顶刚毛每侧6~7根,成一纵列。内唇感区刺3根,圆形感觉器11个左右,有2个较大,感前片呈2个月牙形,左边的小,右边的大。肝腹片刺毛数根排列,长针状刺毛呈八字岔开。长、短刺毛排列均不整齐,具副列,肝门孔呈横裂缝状。

蛹:体长18.5~19.5毫米、宽8.0~8.5毫米。唇基近长方形。腹部1~4节气门近卵形,发音器6对,腹第八节背板前缘基部具圆形隆起,尾节半圆形,无尾角。雄外生殖器呈对称的六瓣状突起,阳基侧突不达阳基端部。

92. 多色丽金龟为害葡萄的主要特点是什么？

多色丽金龟主要以成虫为害葡萄的叶片和嫩梢。葡萄萌芽后直至叶片长大，其成虫啃食嫩芽、嫩梢和叶片，使叶片百孔千疮、残缺不全，影响光合作用和植株正常生长。

93. 多色丽金龟生活史及生活习性如何？

每年发生1代，以幼虫越冬。越冬幼虫从5月中旬开始为害，直至6月初，6月上、中旬化蛹并羽化。成虫出现期是6月中旬至7月中旬，7月中旬在田间出现新一代幼虫。11月初以2~3龄幼虫越冬。成虫白昼活动，夜间趋光，有群聚性。

94. 如何防治多色丽金龟？

(1)减少虫源。避免施用未腐熟的农家肥。及时除草，适时灌水，均可减轻其危害。北方，在葡萄防寒取土时发现幼虫应及时捡出销毁。

(2)诱杀成虫。在成虫盛发期，利用成虫趋光性，在葡萄园内设置频振式杀虫灯诱杀。

(3)保护利用天敌。多色丽金龟天敌种类很多，应重视保护加以利用。

(4)毒杀幼虫。在害虫严重发生时，每亩用5%辛硫磷颗粒剂3千克或10%辛拌磷粉粒剂2千克，兑细土20千克拌匀成毒土撒施土壤处理，毒杀幼虫效果好。

95. 如何识别铜绿丽金龟？

铜绿丽金龟(*Anomala corpulenta* Motschulsky)又称铜绿金龟子，俗名铜

金龟甲在葡萄叶片上危害状

金龟甲危害后葡萄叶片

克朗，幼虫俗称蛴螬，属鞘翅目，丽金龟科，分布于华东、华中、西南、东北、西北等地。铜绿丽金龟寄主范围比较广，除为害葡萄外，还可为害杨、核桃、柳、苹果、榆、海棠、山楂等。幼虫为害植物根系，使寄主植物叶子萎黄甚至整株枯死，成虫群集为害植物叶片。

成虫：体长19~21毫米，触角黄褐色，鳃叶状。前胸背板及销翅铜绿色具闪光，上面有细密刻点。鞘翅每侧具4条纵脉，肩部具疣突。前足胫节具2外齿，前、中足大爪分叉。

卵：初产椭圆形，卵壳光滑，乳白色，孵化前呈圆形。

幼虫：3龄幼虫体长30~33毫米，头部黄褐色，前顶刚毛每侧6~8根，排一纵列。脏腹片后部腹毛区正中有2列黄褐色长的刺毛，每列15~18根，2列刺毛尖端大部分相遇和交叉，在刺毛列外边有深黄色钩状刚毛。幼虫老熟体长约32毫米，头宽约5毫米，体乳白，头黄褐色近圆形，前顶刚毛每侧各为8根，成一纵列，后顶刚毛每侧4根斜列，额中例毛每侧4根，肛腹片后部复毛区的刺毛列，列各由13~19根长针状刺组成，刺毛列的刺尖常相遇，刺毛列前端不达复毛区的前部边缘。

蛹：蛹体长约20毫米，宽约10毫米，椭圆形，裸蛹，土黄色，雄末节腹面中央具4个乳头状突起，雌则平滑，无此突起。

96. 铜绿丽金龟为害葡萄的主要特点是什么？

铜绿丽金龟以成虫取食葡萄等果树、林木及作物的叶片、嫩梢和花序，幼虫可为害各种植物的地下根、根颈。成虫啃食葡萄叶片和花序时，使之残缺不全、百孔千疮，严重时只残留较粗叶脉和叶柄。幼虫可啃食葡萄近地面的幼根，影响植物的正常生长发育。

97.铜绿丽金龟生活史及生活习性如何？

该虫发生一年发生1代，以3龄幼虫越冬。第二年春4月间迁至耕作层活动危害，5月间老熟化蛹，5月下旬至6月中旬为化蛹盛期，预蛹期12天，蛹期约9天。5月底成虫出现，6—7为发生最盛期，是全年危害最严重期，8月下旬渐退，9月上旬成虫绝迹。成虫高峰期开始产卵，6月中旬至7月上旬末为产卵密期。成虫产卵期10天左右，卵期约10天，7月间为卵孵盛期，幼虫危害至秋末即下迁至40~70厘米的土层内越冬。

成虫羽化出土早晚与5—6月间温湿度的变化有密切关系，此间雨量充沛，出土则早，盛发期提前。成虫白天潜伏，黄昏出土活动、危害，交尾后仍取食，午夜以后逐渐潜返土中。成虫活动适温为25℃以上，相对湿度为70%~80%，低温与降雨天成虫很少活动，闷热无雨夜间活动最盛。成虫食性杂，食量大，具假死性与趋光性，具一生多次交尾习性，卵散产于葡萄根际附近5~6厘米的土层内，单个雌虫产卵量40粒左右。卵孵化最适温度为25℃，相对湿度为75%左右。成虫寿命为1月余。秋后距地面10厘米内，土温降至10℃时，幼虫下迁。春季距地面10厘米内，土温升至8℃以上时，向表层上迁。幼虫共3龄，幼虫期1龄25天左右，2龄约23天，以3龄幼虫于土内越冬。此虫以3龄幼虫食量最大，危害最烈，亦即春、秋两季危害最严重，老熟后多在5~10厘米土层内，做蛹室化蛹。

98.如何防治铜绿丽金龟？

参见多色丽金龟的防治方法。

第六章　葡萄园常用药剂及使用不当引起的药害

1.在葡萄生产中主要使用哪几类杀菌药剂?

在葡萄园常用的杀菌剂主要用来防治葡萄霜霉病、白粉病、白腐病、炭疽病、灰霉病、黑痘病等病害,可分为以下几大类:

铜制剂:常用的有波尔多液、氧氯化铜(王铜)、氢氧化铜;

无机硫和有机硫类杀菌剂:常用的有石硫合剂、多硫化钡、代森锰锌、代森锌、福美锌、福美双、克菌丹;

甲氧基丙烯酸酯类杀菌剂:常用的有嘧菌酯、吡唑醚菌酯等;

三唑类杀菌剂:常用的有腈菌唑、氟硅唑、亚胺唑、苯醚甲环唑、戊唑醇、己唑醇、三唑酮;

苯并咪唑类杀菌剂:常用的有多菌灵等;

托布津类杀菌剂:常用的有甲基硫菌灵(甲基托布津)等;

苯胺基嘧啶类杀菌剂:常用的有嘧霉胺等;

二甲酰亚胺类杀菌剂:常用的有腐霉利、异菌脲(扑海因)等;

取代苯类杀菌剂:常用的有百菌清等;

苯基酰胺类杀菌剂:常用的有甲霜灵、精甲霜灵等;

酰胺类杀菌剂:常用的有双炔酰菌胺、环酰菌胺、啶酰菌胺、氟啶胺;

嘧啶类杀菌剂:常用的有氯苯嘧啶醇、嘧啶环胺;

抗生素类杀菌剂:常用的有嘧啶核苷类抗菌素、武夷菌素、多氧霉素;

咪唑类杀菌剂:常用的有抑霉唑、咪鲜胺;

吗啉类杀菌剂:常用的有烯酰吗啉、氟吗啉;

其他类杀菌剂:双胍三锌烷基苯磺酸盐、霜脲氰等。

2.在葡萄生产中主要使用哪几类杀虫药剂及昆虫行为调节剂?

新烟碱类杀虫剂:常用的有吡虫啉、呋虫胺、噻嗪虫、啶虫脒等;

有机磷类杀虫剂:常用的有敌百虫、毒死蜱、敌敌畏、马拉硫磷、辛硫磷、喹硫磷等;

氨基甲酸酯类杀虫剂:常用的有西维因等;

拟除虫菊酯类杀虫剂:常用的有联苯菊酯、高效氯氰菊酯、甲氰菊酯、溴氰菊酯、高效氯氟氰菊酯等;

微生物源杀虫剂:常用的有阿维菌素、多杀菌素、浏阳菌素;

植物源杀虫剂:常用的有苦参碱、藜芦碱等;

矿物源杀虫剂:机油乳剂等。

昆虫行为调节剂:常用的有噻嗪酮(扑虱灵)、甲氧虫酰肼、苯氧威、吡丙醚、灭蝇胺等。

3.在葡萄生产中主要使用哪几类杀螨药剂?

在葡萄园常用的杀螨剂有以下几种:敌螨普、螺螨酯、噻螨酮、炔螨特、唑螨酯、溴螨酯、哒螨酯、氟虫脲、四螨嗪等。

4.什么是药害?

药害是指用药后使作物生长不正常或发生生理障碍而表现出的一系列症状。药害有急性和慢性两种,前者又称表现性药害,即在喷药后几小时至

3~4天内就出现明显症状,如烧伤、凋萎、落叶、落花、落果;后者又称隐性药害,是在喷药后经过较长时间才发生明显反应,如生长不良、叶片畸形、晚熟等。药害常见的症状是叶面出现大小形状不等、五颜六色的斑点,局部组织焦枯、穿孔或叶片脱落,或者叶片黄化、褪绿或变厚。

5.如何识别铜制剂引起的葡萄药害?使用铜制剂时应注意什么?

葡萄虽然对铜离子具有较强的忍耐能力,但过量施用或施用时期不当,仍可对葡萄造成伤害。一般,在葡萄生长季节的高温雨季或葡萄枝叶表面有露水大量形成时,可增加二价铜离子的积累而对葡萄造成伤害。受害的葡萄叶片出现浅青铜色、红色直至坏死枯斑,叶片易脱落。受害的果粒表面出现黑色坏死斑。在铜制剂中,王铜比硫酸铜对葡萄的药害轻,即有所谓的"固铜"现象,对其他所有剂型的铜制剂都需要加入一定量的石灰等作为部分保护剂。但尽管如此,当大量施用铜和石灰后,仍能见到葡萄发生药害的现象。

因此,在葡萄生产中一是不宜过量施用铜制剂,包括波尔多液,二是根据葡萄的不同生育期和天气情况,严格按说明书的要求控制铜制剂的施用浓度和剂量。

6.如何识别无机硫和有机硫类杀菌剂引起的葡萄药害?使用无机硫和有机硫类杀菌剂时应注意什么?

石硫合剂在使用过程中应该注意不宜在果树生长季节气温过高(大于30℃)时使用,不能与波尔多液等碱性药剂或机油乳剂、松脂合剂、铜制剂混用,否则会发生药害。喷施松脂合剂后需要20天才能使用石硫合剂,喷过矿物油乳剂后要隔1个月才能使用石硫合剂。如喷施波尔多液后,至少要间隔20天以上才能使用石硫合剂,若是先喷了石硫合剂,则要间隔15天后才能使用波尔多液。在果实生长期不可随意提高施用浓度,否则极易产生药害。

施用多硫化钡时应注意药液配制时不得用金属容器,药液现配现用,不宜久放;不能与波尔多液、肥皂、松脂合剂等混用;应避开高温、高湿、燥热天气;在保管多硫化钡期间,应严防潮湿以免吸水、二氧化碳后分解失效。

对其他无机硫和有机硫杀菌剂,在使用过程中应严格按照药剂施用说明,尤其注意不能与碱性药剂混用。

硫类杀菌药剂使用不当对葡萄造成的药害表现是:

比如石硫合剂在葡萄上造成的药害症状主要表现是叶片褪绿、黄化、叶缘向内卷曲,严重时小叶卷曲呈杯状,叶缘相互搭接,导致叶片畸形,植株生长不良。

石硫合剂药害一般在葡萄休眠芽开始膨大或小叶出现后发生,主要是用药浓度过大或在高温时喷洒所致。不同葡萄品种对石硫合剂的敏感性差异明显,一般美洲葡萄及其杂交种对硫黄较为敏感。一般在芽开始萌动期,其使用浓度应设定在0.5波美度左右,否则易发生药害。葡萄展叶后或高温条件下,尤其当温度超过30℃时,不宜施用石硫合剂。

7.如何识别唑类杀菌剂引起的葡萄药害?使用唑类杀菌剂时应注意什么?

唑类杀菌剂如乙环唑、戊菌唑和三唑酮等,因施用不当常引起对葡萄的伤害,其主要原因是使用剂量过大。此类药害的主要症状是葡萄幼叶叶缘反卷、叶片变厚、具皱褶,严重时新梢节间缩短,后期叶片略有褪绿。因药剂施用浓度、环境温度和葡萄品种不同,其症状略有差异。

因此,在使用时应严格按照说明书要求操作,不可人为增大施用浓度和施用剂量。

8.如何识别酰胺类杀菌剂引起的葡萄药害？使用酰胺类杀菌剂时应注意什么？

酰胺类杀菌剂如苯霜灵和恶甲混剂(恶霜灵+甲霜灵)等,当施用过量时易对葡萄造成药害。其症状是在叶片边缘和叶脉间形成黄化褪绿斑块,最后坏死,叶片易脱落。

因此,在使用时应严格控制施药浓度,避免过量。

9.如何识别二甲酰亚胺类杀菌剂引起的葡萄药害？使用二甲酰亚胺类时应注意什么？

二甲酰亚胺类杀菌剂如扑海因和乙烯菌核利等,在低温条件下,若施用浓度过大可对葡萄造成药害。其主要症状表现是叶片畸形、具皱纹、叶缘和叶脉间褪绿等。

因此,在防治上应注意天气变化,避免在低温条件下施用,严格控制施用剂量。

10.如何识别酞酰亚胺类杀菌剂引起的葡萄药害？使用酞酰亚胺类杀菌剂时应注意什么？

当施用克菌丹、灭菌丹等酞酰亚胺类杀菌剂时,若遇不良天气如潮湿、多雾、冷凉(温度在10℃以下)情况时,葡萄易发生药害,主要表现是叶片畸形、具皱褶,叶片普遍灼伤,果粒上易出现疮痂。

因此,在防治上应注意施药时的天气变化,若遇不良天气如潮湿、多雾、冷凉(温度在10℃以下)情况时,应该停止喷洒该药剂。

11.如何识别敌螨普引起的葡萄药害？使用敌螨普时应注意什么？

敌螨普是一种常用的杀螨剂，当施用不当时，对于较敏感的葡萄品种的幼叶易造成药害，主要症状是幼叶发育不良、畸形或出现扇形坏死斑，温度高于30℃或阳光直射后叶片易出现灼烧状坏死。果粒受害后出现黑色圆斑，残留药液干燥后在果面上出现锈斑。从剂型上看敌螨普乳油比可湿性粉剂更容易产生药害。

因此，在施用敌螨普防治葡萄上的螨类时，应注意葡萄品种、药剂浓度和环境条件，一些较敏感的品种不适宜或慎用此药。

12.除草剂引起的葡萄药害有哪些？

(1)乙草胺引起的葡萄药害

乙草胺主要用于玉米田除草，常因药物飘移而引起葡萄受害。葡萄接触到乙草胺药雾后，叶片卷皱、畸形、褪绿，最后枯死。

因此，在防治玉米田杂草时，特别注意周围环境，以免药液飘移引致葡萄受害。

除草剂药害1

除草剂药害2

(2)氯代苯氧类除草剂引起的葡萄药害

氯代苯氧类除草剂,如2,4D-丁酯等等,是一类选择性除草剂,在葡萄园内使用或远距离的药物飘移,极易对葡萄造成药害。其主要症状是被害叶片窄小、扇形、皱缩,叶缘缺刻呈尖细的锯齿状,与葡萄扇叶病的一些症状相似,果粒受害时会延迟成熟,甚至停止生长。葡萄对该类药剂的飘移药量非常敏感,即便很低的浓度也可使葡萄受害。

因此,在葡萄园附近不能使用此类挥发性的除草剂,尤其在葡萄园的上风头,更应注意。此外,喷雾器如已喷过此类农药,一定要刷洗干净后才能在葡萄园用于喷洒其他药剂。

(3)草甘膦引起的葡萄药害

葡萄对草甘膦(农达)较为敏感,在葡萄园除草过程中,葡萄枝、叶直接接触、根部吸收和药物飘移均可出现药害。草甘膦引起的葡萄药害症状较为复杂,因葡萄品种、葡萄吸收药物的时期与方式不同而异,常见的症状是叶片箭状、畸形,另一种症状表现是叶片褪绿、叶片上残留的药滴处产生黄化斑,逐渐扩大,最后干枯。若药液经内吸传导可引起新叶黄化、畸形,严重时新梢变黄、萎蔫。

因此,在葡萄园使用草甘膦时应特别注意药物飘移,避免直接接触葡萄植株。

(4)杀草强引起的葡萄药害

杀草强所致葡萄药害症状是成熟叶片边缘明显褪绿,叶片上产生白色坏死斑。因此,在葡萄园使用杀草强时应特别注意避免直接接触葡萄或其他农田除草时的药物飘移。

(5)麦草畏引起的葡萄药害

葡萄直接接触麦草畏所致的药害症状主要是叶片严重皱褶、呈杯状,其内吸传导型症状与氯代苯氧类除草剂所致症状相似。

麦草畏一般很少在葡萄园使用,其药害的发生主要与外界药物飘移有关。因此,在施用上要注意周围环境,避免引起葡萄药害。

13.在葡萄生产中主要使用哪几类植物生长调节剂?

植物生长调节剂亦称植物生长调节物质,指那些从外部施加给植物,只要微量就能调节、改变植物生长发育的化学试剂,是一类与植物激素具有相似生理和生物学效应的物质。植物生长调节剂主要有以下几类:

(1)生长素类:生长素对植物生长的调节作用主要是促进细胞的生长,特别是细胞的伸长,对细胞分裂没有影响。由于植物感受光刺激的部位是在茎的尖端,所以幼嫩部位对生长素敏感,而对趋于衰老的组织生长素基本不起作用。生长素促进果实发育和扦插枝条生根的原因是:生长素能够改变植物体内的营养物质分配,在生长素分布较丰富的部位,得到的营养物就多,形成分配中心。同样,生长素能够诱导无籽葡萄的形成也是因为经生长素处理后,葡萄花蕾的子房成为营养物质的分配中心,这样叶片光合作用所制造的养分就源源不断地输送到子房,使其发育成无核葡萄。

(2)赤霉素类:赤霉素可以促进植物生长,包括细胞的分裂和细胞的伸长两个方面。最突出的作用是赤霉素能提高植物体内生长素的含量,而生长素能直接调节和加速细胞的伸长,促进植物节间生长,使矮化苗恢复正常。此外,赤霉素还具有打破种子休眠、诱导葡萄单性结实、促进葡萄无籽果实的发育、抑制某些植物叶片老化、防止器官脱落等效应。

(3)细胞分裂素类:细胞分裂素是一类促进细胞分裂、诱导芽的形成并促进其生长的物质。此外,由于细胞分裂素能维持蛋白质和核酸的合成,因而还具有防止离体叶片衰老和保绿的作用。

(4)脱落酸:脱落酸可以刺激乙烯的产生,催促果实成熟,它抑制脱氧核糖核酸和蛋白质的合成。主要作用为抑制与促进生长,维持芽和种子的休眠,促进果实与叶片的脱落,促进气孔的关闭,影响开花,影响分化等。脱落酸是平衡植物内源激素和有关生长活性物质代谢的关键因子,具有促进植物平衡吸收水、肥和协调体内代谢的能力。可有效调控植物的根、冠茎和营养生长与生殖生长,对提高农作物的品质、产量具有重要作用。

(5)乙烯利:可由植物的叶片、树皮、果实和种子进入植物体内,使其释放出乙烯。该剂具有内源激素乙烯的生理功能,可打破种子休眠、控制顶端优势,矮化植株,促进果实成熟,促进雌花发育,改变雌雄花的比率等。

(6)矮壮素:矮壮素是一种植物生长延缓剂,能抑制植物体内赤霉素的生物合成。其生理功能是控制植株徒长,使植株矮壮,节间变短,株形紧凑,叶片变厚,颜色变深,光合作用增强,提高植物抗逆能力,增加产量。

14.植物生长调节剂在葡萄上的主要作用有哪些?

(1)解除葡萄种子休眠、解除葡萄芽休眠;

(2)促进葡萄扦插生根和压条生根,提高葡萄嫁接、定植成活率;

(3)延缓葡萄生长;

(4)提高葡萄坐果率;

(5)增大葡萄果粒、拉长葡萄果穗;

(6)促进葡萄果实提早成熟;

(7)改善葡萄果实品质;

(8)提高果实耐贮性;

(9)提高葡萄树体抗寒性。

15.植物生长调节剂在葡萄上使用应注意哪些事项?使用不当引起的葡萄药害有哪些?

植物生长调节剂是生长调节物质,不是营养物质。葡萄的高产、优质、高效益的获得,必须以合理的肥水和田间管理为基础。因此在具体葡萄生产中使用植物生长调节剂时,要特别注意以下几个方面:

(1)种植环境条件和品种等。葡萄品种、树势、树龄不同,生长调节剂的使用效果可能会有很大的不同,比如同一剂量的膨大剂用在不同品种或同一品种,树势不一样的树上效果会大不相同,甚至完全相反。同时,不同地区、不同气候条件对使用效果也有不同影响。

(2)同一种植物生长调节剂在不同的生长时期使用,效果大不相同。

(3)不同植物生长调节剂的有效浓度范围不同,其作用效果的持续长短也有差别。一般浓度过低达不到理想的效果,浓度过高容易产生药害,甚至会出现一些负效应。

因此,在使用生长调节剂时一定要确定合理的用法和用量,稍有差错,就会造成药害。常见药害主要是赤霉素施用时期不当或过量后,受害的葡萄第一年果粒伸长,具长果柄,许多果粒穿孔,子房保留,穗轴木质化,扭曲。第二年发芽减少,花序明显少而小。坐果正常,但很少有果粒能够正常发育。如巨峰葡萄经过量的赤霉素处理后,就会出现果穗、穗梗、穗轴变粗,木质化程度高,而且有扭曲现象,果蒂变大、果粒易脱落的现象。

第七章　葡萄园病虫害综合防治及注意事项

1.我国的植保方针是什么?

我国的植保方针是“预防为主,综合防治”。这一方针的提出,是我国农业科技工作者总结多年来与病虫害做斗争的经验、教训的结果。要做好病虫害的防治,必须充分理解“预防为主,综合防治”植保方针的含义和精神实质并加以实际运用,才能取得防治病虫害的胜利。

2.如何正确理解“预防为主,综合防治”?

“预防为主”是指在农作物病虫害发生之前,根据病虫害发生的内在和外在规律,提前采取相应的防治措施,使病虫害的危害减轻到最低限度,并不是简单地指预先打保险药,它有着极其丰富的内涵。“综合防治”是指对有害生物进行科学管理的体系,是从农田生态的整体观念出发,根据有害生物与环境之间的相互关系,以农业防治为基础,充分发挥自然因素的作用,因地制宜地协调应用生物防治、物理防治和化学防治等逐项措施,将有害生物控制在经济允许损失阈值之内 ,以获得最佳的经济、社会和生态效益。

3.什么是农业防治?

农业防治是指为防治农作物病、虫、草害所采取的农业技术综合措施,调整和改善作物的生长环境,增强作物对病、虫、草害的抵抗力,创造不利于病原物、害虫和杂草生长发育或传播的条件,控制、避免或减轻病、虫、草害的危害。主要措施有选用抗病、虫品种、调整品种布局、选留健康种苗、轮作、深耕灭茬、调节播种期、合理施肥、及时灌溉排水、适度整枝打杈、搞好田园卫生和安全运输贮藏等。

4.什么是物理防治?

物理防治是利用简单工具和各种物理因素,如光、热、电、温度、湿度和放射能、声波等防治病虫害的措施。包括最原始、最简单的徒手捕杀或清除,以及近代物理最新成就的运用,可算作古老而又年轻的一类防治手段。人工捕杀和清除病株、病部及使用简单工具诱杀、设障碍防除虽有费劳力、效率低、不彻底等缺点,但在目前尚无更好防治办法的情况下,仍不失为较好的急救措施。也常用人为升高或降低温、湿度等措施,超出病虫害的适应范围,如晒种、热水浸种或高温处理竹木及其制品等。利用昆虫趋光性灭虫自古就有,近年黑光灯和高压电网灭虫器,另外像黄板、蓝板应用广泛,用仿声学原理和超声波防治虫等均在研究、实践之中。原子能治虫主要是用放射能直接杀灭病虫或用放射能照射导致害虫不育等。随着科技的发展,物理学防治技术将很有发展前景。

5.什么是生物防治?

生物防治就是利用生物及其代谢产物防治植物病原体、害虫和杂草的方法。实质就是利用生物种间关系、种内关系,调节有害生物种群密度,即是生物群治生物群。生物防治主要包括四个方面的内容：①以虫治虫，即利用捕食性、寄生性的昆虫，如蚜狮、草蛉、寄生蜂和瓢虫等防治害虫；②以微生物治虫，即利用昆虫病原微生物如细菌、真菌、病毒及其代谢产物（毒素等）防治害虫；③植物病原菌的生物防治，即利用微生物或其代谢产物（抗生物质等）防治植物病原菌（包括土壤中的病原菌）；④杂草的生物防治，即利用食草昆虫和专性寄生于杂草的病原菌防治杂草。对于植物病原体、害虫和杂草的生物防治的内容有所不同，但都是利用生物种间关系，符合生物之间相互制约相互依存的规则。只要掌握生物之间的这种微妙关系，并加以利用，就能控制病虫害的为害，促进农林业的生产。

6.什么是化学防治？

化学防治是使用化学农药防治动植物病害的方法。农药具有高效、速效、使用方便、经济效益高等优点，但使用不当可对植物产生药害，引起人畜中毒，杀伤有益微生物，导致病原物产生抗药性。农药的高残留还可造成环境污染。当前化学防治是防治植物病虫害的关键措施，在面临病害大发生的紧急时刻，甚至是唯一有效的措施。当前应用的农药主要有杀虫剂、杀菌剂、除草剂和杀线虫剂等，病毒抑制剂也在积极开发中。为了充分发挥化学防治的优点，减轻其不良作用，应当恰当地选择农药种类和剂型，采用适宜的施药方法，合理使用农药。

7.什么是“绿色防控”技术？

绿色防控，是在2006年全国植保工作会议上提出“公共植保、绿色植保”理念的基础上，根据“预防为主、综合防治”的植保方针，结合现阶段植物保护的现实需要和可采用的技术措施，形成的一个技术性概念。其内涵就是按照“绿色植保”理念，采用农业防治、物理防治、生物防治、生态调控以及科学、合理、安全使用农药的技术，达到有效控制农作物病虫害，确保农作物生产安全、农产品质量安全和农业生态环境安全，促进农业增产、增收的目的。

8.绿色防控技术主要包括哪些方面?

(1)生态调控技术

重点采取推广抗病、虫品种、优化作物布局、培育健康种苗、改善水肥管理等健康栽培措施,并结合农田生态工程、果园生草覆盖、作物间套种、天敌诱集带等生物多样性调控与自然天敌保护利用等技术,改造病虫害发生源头及滋生环境,人为增强自然控害能力和作物抗病虫能力。

(2)生物防治技术

重点推广应用以虫治虫、以螨治螨、以菌治虫、以菌治菌等生物防治关键措施,加大赤眼蜂、捕食螨、绿僵菌、白僵菌、微孢子虫、苏云金杆菌(BT)、蜡质芽孢杆菌、枯草芽孢杆菌、核型多角体病毒(NPV)、牧鸡牧鸭、稻鸭共育等成熟产品和技术的示范推广力度,积极开发植物源农药、农用抗生素、植物诱抗剂等生物生化制剂应用技术。

(3)理化诱控技术

重点推广昆虫信息素(性引诱剂、聚集素等)、杀虫灯、诱虫板(黄板、蓝板)防治蔬菜、果树和茶树等农作物害虫,积极开发和推广应用植物诱控、食饵诱杀、防虫网阻隔和银灰膜驱避害虫等理化诱控技术。

(4)科学用药技术

推广高效、低毒、低风险的环境友好型农药,优化集成农药的轮换使用、交替使用、精准使用和安全使用等配套技术,加强农药抗药性监测与治理,普及规范使用农药的知识,严格遵守农药安全使用间隔期。通过合理使用农药,最大限度降低农药使用造成的负面影响。

9.如何在葡萄上做到“预防为主,综合防治”,真正做到“绿色防控”?

“预防为主,综合防治”是葡萄病虫害防治的基本原则。在葡萄生产中,要随时观察疫情发生动态，做到提前预防。综合防治要以农业防治为基础，同时因地制宜，合理运用化学防治、生物防治、物理防治等措施，经济、安全、有效地控制病虫害，以达到提高产量、质量，保护生态环境和人体健康的目的，做到"绿色植保"。主要把握以下几点：

（1）植物检疫：在发展新葡萄园引种时，对引入的苗木、插条等繁殖材料必须进行检疫，发现带有病原、害虫的材料要进行处理或销毁，严禁传入新的地区。

（2）抗病育种：选育抗病虫害的品种或砧木，抗病育种一直是葡萄育种专家十分重视的课题，如巨峰就是通过杂交育种培育出来的一个抗病群体，它对葡萄黑痘病、炭疽病、白腐病、霜霉病等均具有较强的抗性。

（3）农业防治：保持田间清洁，随时清除被病虫危害的病枝残叶、病果病穗，集中深埋或销毁，减少病虫源，可减轻第二年的危害；及时绑蔓、摘心、除副梢，改善架面通风透光条件，可减轻病虫危害；加强肥水管理，增强树势，可提高植株抵御病虫害的能力，多施有机肥，增加磷、钾肥，少用化学氮肥，可使葡萄植株生长健壮，减少病害；及时清除杂草，铲除病虫生存环境和越冬场所。

（4）物理防治：利用果树病原、害虫对温度、光谱、声响等的特异性反应和耐受能力，杀死或驱避有害生物，如目前生产上提倡的无毒苗木即是采用热处理的方法脱除病毒。

（5）生物防治：生物防治是葡萄生产中大力提倡的害虫防治方法。但是，迄今可用于葡萄害虫防治的生物制剂及其应用技术还较为有限。鉴于此，开发、引进、借鉴其他作物害虫生物防治技术用于葡萄害虫的防治是十分必要的，如：

①昆虫病原细菌，如 Bt（苏云金芽孢杆菌）。随着研究的深入，菌株的遗传改造和高效优质加工工艺更加进步，应用前景十分广阔。

②昆虫病毒。目前已有20余种杆状病毒进入到大田试验阶段。利用生物技术构建出广谱、高效病毒株，可快速、高效杀死目标害虫。

③昆虫病原真菌。目前球孢白僵菌、布氏白僵菌和绿疆菌等已实际应用。

④昆虫病原线虫，有斯氏线虫、异小杆线虫等。

⑤抗菌素杀虫剂，有阿维菌素、浏阳霉素、农抗402、华光霉素等。目前生产上应用的农抗402生物农药在切除后的根癌病瘤处涂抹，有较好的防病效果。

上述生物制剂可用于防治鳞翅目害虫、鞘翅目害虫以及白粉虱和螨类等多种害虫，均可在葡萄害虫防治上尝试。

(6)化学防治：应用化学农药控制病虫害发生，仍然是目前防治病虫害的主要手段，也是综合防治不可缺少的重要组成部分。尽管化学农药存在污染环境、杀伤天敌和残毒等问题，但它具有见效快、效果好、广谱、使用方便等优点。因此，我们在葡萄生产中可以施用一些低毒、安全、无公害的化学农药。

10.什么是病虫害无公害防治?

农作物病虫害无公害防治是指在作物目标产量效益范围内，按照绿色植保理念，通过优化集成农业、生物、物理等技术并限量使用化学农药，达到安全控制有害生物的行为过程。无公害防治的目的是确保农作物生产安全、农产品质量安全和农业生态环境安全，促进农业增产增收。无公害防治是“预防为主，综合防治”植保方针的新体现，病虫害的无公害防治是以安全为核心，兼顾产量效益和生态保护。

11.葡萄园化学防治技术有哪些?

葡萄园常用的防治技术主要有：苗木消毒处理法、土壤处理法、喷雾法，其他化学防治技术还有颗粒剂、撒施法、浸穗法、涂干法等。

12.如何对葡萄苗木进行消毒处理?

葡萄苗木(包括种条、种苗)的消毒处理，是防止病虫害传统播的重要措施。秋冬季是葡萄苗木销售、采购的重要季节。因此，把好葡萄苗木的消毒处理关，是葡萄种植企业、农户必须高度重视的问题。消毒处理的办法如下：

（1）针对虫害的消毒处理办法：①采用药剂处理。使用50%的辛硫磷800~1000倍液或使用80%敌敌畏600~800倍液，浸泡枝条或苗木，浸泡时间15分钟。浸泡后晾干，然后包装运输或随即种植；②采用熏蒸办法处理。用溴甲烷熏蒸，把苗木放在密闭的房间内，在20℃~30℃条件下熏蒸3~5小时，溴甲烷的用量为30克／立方米，温度低的条件下可适当提高使用剂量，温度高的条件下适当减少使用剂量。熏蒸时，可使用电扇吹，促使空气流动，提高熏蒸效果。熏蒸时，要防止苗木脱水。

（2）针对虫害、病害的综合消毒处理办法：先将苗木放在43℃~45℃的温水中浸泡2小时，然后捞出放入硫酸铜和敌敌畏的配合溶液中浸泡15分钟，浸泡后捞出晾干包装运输或栽种。硫酸铜和敌敌畏的配合溶液配制方法：每100千克水加入1千克硫酸铜、80%敌敌畏150毫升，混合搅拌均匀。葡萄苗木的消毒处理，在苗木调运前必须进行消毒处理。在种植时，最好再进行一次消毒处理。

13.如何进行葡萄园土壤处理？

土壤处理是采用适宜的施药方法把农药施到土壤表面或土壤表层中对土壤进行药剂处理，也称为土壤消毒。土壤消毒是通过向土壤中施用化学农药杀灭其中病菌、线虫及其他有害生物的现象，一般在作物播种前进行。除使用化学农药外，利用干热或蒸汽也可进行土壤消毒。土壤消毒也可以解释为破坏、钝化、降低或除去土壤中所有可能导致动植物感染、中毒或不良效应的微生物、污染物质和毒素的措施和过程。

常用的土壤消毒方法有：①土壤覆膜熏蒸：在葡萄园应用较多的是溴甲烷。溴甲烷除了应用于葡萄苗木或砧木消毒外，还可以用于熏蒸处理包装物、填充物或土壤等，可适当增加用药剂量或延长熏蒸时间。葡萄根瘤蚜的防治就可以采用溴甲烷土壤覆膜熏蒸消毒技术。溴甲烷熏蒸时土壤温度应保持在8℃以上，覆膜时四周必须埋入土内15~20厘米，塑料膜不能有破损。

熏蒸时间为48~72小时。熏蒸后揭膜散气7~10天以上,高温、轻壤土通风时间短,低温、重壤土通风散气时间长。遇雨天,塑料膜不能全部揭开,可以在侧面揭开缝土壤通风,以防雨水降落影响土壤散气通风。②土壤浇灌:是以水为载体把农药施入土壤中,是一种重要的施药方式,例如各地农民常用的土壤浇灌、沟施穴施、灌根等技术。在实践中发现,灌根法防治葡萄某些病虫害效果很好。③土壤注射:对于土壤虫害和土传病害防治中,常规喷雾方法很难奏效,采用土壤注射器把药剂注射进土壤里,亦为一种切实可行的好办法。土壤注射器械的种类有手动器械和机动器械两类。

14.如何进行葡萄园喷雾处理?

喷雾法是病虫草害防治中应用最广泛的施药方法,即以一定量的农药与适量的水配成药液,用喷雾器械将药液喷洒成雾滴,雾滴越小,雾化效果越好,喷施效果越好。此法适用于乳油、水剂、可湿性粉剂、可溶性粉剂和胶悬剂等农药剂型,既可做茎叶处理,也可做土壤喷雾处理。在葡萄种植过程中最常用的农药使用方法即为喷雾法。

15.喷雾过程中的注意事项有哪些?

喷雾时应注意以下的问题:

(1)注意提高药液的湿展性能。在喷洒农药时,乳油、油剂在植株上的黏附力较强,而水剂、可湿性粉剂的黏附力较差。

(2)应重视稀释药液的水质。水的硬度、碱度和混浊度对药效有很大的影响。当水中含钙盐、镁盐过量时,可使离子型乳化剂所配成的乳液和悬液的稳定性遭到破坏。有的药剂因转化为非水溶性或难溶性物质而丧失药效,在一些盐碱地区,水质pH值偏高,会与药剂产生中和反应,使药效下降或失效。水质混浊会降低农药的活性,也会使草甘膦等除草剂加速钝化失效。因此,药液用水应选择pH值呈中性的清洁水为宜。

(3)要防止农药中毒。在喷雾过程中,雾滴常随风飘移,污染施药人员的皮肤和呼吸道，因此，施药人员要做好安全防护工作，在喷药之前一定要调试好喷雾器，防止在喷施过程中药液跑、滴、漏。高毒农药不能喷雾，有些农药毒性高，如杀虫脒等，在人口密集地区使用时要格外注意。

（4）注意提高喷雾质量。喷雾法一般要求药液雾滴分布均匀，覆盖率高，药液量适当，以湿润目标物表面不产生流失为宜。防治某些害虫和螨类时，要进行特殊部位的喷雾。如蚜虫和螨类喜欢在植物叶片背面危害，防治时，要进行叶背面针对性喷雾，才能收到理想的防治效果。

16.葡萄园中如何做到农药的安全使用？

随着经济的快速发展和人民生活水平的不断提高，市场对葡萄质量提出了越来越高的要求。其中农药残留量是最主要的衡量因素之一。为了控制食品中过量农药残留以保障使用者的安全，我国已颁布实施了一批水果农药最大残留限量（Maximum Residue Level ,MRL）的国家标准，如GB14870-1994、GB16333-1996以及一些葡萄产品标准。

农药最大残留限量是农畜产品中农药残留的法定最高允许浓度，其制订目的可概括为三方面：

一是控制食品中过量农药残留以保障使用者的安全。只要农药的残留低于法定最高允许浓度，就是安全食品，不会对食用者或消费者有任何形式的不利影响。

二是指导和推行合理用药，按照农药标签上规定的用药剂量和方法使用后，在食品中残留的最大浓度不应该超过最大残留限量。

三是为了减少国际纠纷。为了使农产品的农药残留不会超过规定的最大残留限量，保证使用者安全，必须严格控制农产品采收前最后一次使用农药时间。安全间隔期就是最后一次施用农药至作物收获时允许的间隔天数，即收获前禁止使用农药的日期。通常按照实际使用方法施药后，隔不同天数采样测定，画出农药在作物上的残留动态曲线，以作物上的残留量降至最大残留限量天数，作为安全间隔期参考。在一种农药大面积推广应用之前，为了安全使用，须指定安全间隔期，这是预防农药残留污染作物的重要措施,亦是新农药登记时必须提供的资料。

安全间隔期因农药性质、作物种类和环境条件而异。各种农药的安全间隔期不同,性质稳定的农药不宜分解,其安全间隔期长;相同的农药在不同作物上的安全间隔期亦不同,果菜类作物上的残留比叶菜类作物低得多;在不同地区由于日光、气温和降雨等因素,同一农药在相同作物上的安全间隔期是不同的。必须制定各种农药在各类作物上适合于当地的安全间隔期。

为了人们食用葡萄和饮用葡萄酒的安全,葡萄园中农药的安全使用必须严格遵守农药最大残留限量和农药安全间隔期,有关各国葡萄上的农药最大残留限量和农药安全间隔期,可参考相关标准。

17.农药使用过程中出现的问题有哪些?

农药科学使用是一门学问,也可以说是一种技术,不会科学使用农药带来的问题很多。广大农户文化水平大多偏低,农药专业知识了解甚少,如果盲目地使用农药,常会发生严重事故,如混淆农药类型、施药方式与农药类型不相对应、擅自增加农药用量、用药不当造成伤害等。用药不合理会带来一系列严重的后果:造成环境污染,农药对环境的污染主要表现在对土壤、水源、空气及农副产品的污染,间接引起人及其他动物的生命安全;导致病虫产生抗药性,由于连续大量地不合理使用农药,导致病虫不同程度地产生抗性,如棉铃虫、菜青虫等已经对菊酯类农药产生抗性;破坏生态平衡,如使用剧毒、高毒农药,会杀死田间大量的天敌,如瓢虫、蜘蛛、草岭等,导致害虫猖獗发生,还对很多非靶标生物如蜜蜂、鸟、蚯蚓和鱼类等造成伤害;造成人畜中毒;造成农副产品中农药残留污染;导致农作物发生药害;增加农业生产成本。

18.如何做到科学使用农药?

农药的种类很多,性能各不相同,防治对象、范围、持效期和作用方式都有很大差异。所以,使用农药时,必须认准病虫种类,再选择农药。要根据葡萄需要防治的病虫害的种类，选择有针对性的、适合的农药品种和剂型。优先选择高效低毒低残留农药，防治害虫时尽量不使用广谱农药，以免杀灭天敌和非靶标生物，破坏生态平衡；严禁将剧毒、高毒、高残留农药用在葡萄上。与此同时，还要注意选择对施用作物不敏感的农药。如果某些农药在某种作物或某个生育期特别敏感时施用，就可能造成严重后果，如敌敌畏在核果类果树禁用，桃、李在生长季节对波尔多液敏感，乐果、氧化乐果对桃、梨、枣等果树敏感，使用前要先做试验，以确定安全使用浓度。此外，不选择国家明令禁止使用的农药。

19. 如何做到适时用药?

防治病害应在发病初期施药；防治虫害一般在卵孵化盛期或低龄幼虫期施药。每一种病害都有由轻到重的发展过程，受害程度也有一个由量变到质变的过程。在生产实践中，许多农民朋友在使用杀菌剂时出现错误，如在病害发生后，甚至比较严重时仍然用保护性杀菌剂，连续多次喷药，结果收效甚微。虽然影响防治效果的因素很多，但最关键是选择杀菌剂和喷药的时间。广谱保护剂适于在病害发生前使用，使植株的茎、叶、果表面建立起保护膜，防止病菌侵入；当病害已经发生时，说明病菌已经侵入植株体内，再使用光皮保护剂则已错过防治的有效期，应改用内吸性杀菌剂，使药的有效成分迅速传导、内吸到植株体内，杀死病菌。防治虫害也有一个关键时期，即“治早、治小”，也就是说应抓住发生初期。

需要指出的是，如果病害已经严重发生，即使施用内吸治疗性杀菌剂，也很难收到好的防效；如果虫害已经发生严重，危害已经造成，即使杀死99.9%的害虫，也会严重影响葡萄的产量和品质。所以，我们要切记防控病虫害的目的：是不让病虫害对我们的优质葡萄生产造成影响，而不是杀灭多少病菌、杀死多少害虫。要达到这个目的，控制病虫害的数量是关键。所以，用药的最佳时期，是阻止病虫害种群数量增加的时期。抓住农药使用的关键时期，可以起到事半功倍的效果。世界上防治葡萄病虫害的农药使用关键技术，是三“T”技术，其中之一就是“Timing”(用药时间)。

适时用药包括两方面的意义:一是抓住防治病虫害的关键期,会起到事半功倍的效果,如防治葡萄炭疽病是落花前后和初夏,防治霜霉病是雨季的规范保护,防治白腐病是阻止分生孢子的传播。抓住病害防治的关键期会大大减少农药的使用,是农药科学使用的重要内容。二是要尽量多地发挥农药的潜能如雨季是很多病害的爆发流行期,发病前使用50%保倍福美双,能充分发挥它的广谱性和高效性。充分发挥农药的潜能,也是农药科学使用的重要内容。

20.如何做到适量用药及选用适宜的施药方法?

选择合适的施药方法,让农药适时使用到葡萄上,并到达合适的地点和位置。农药的使用方法很多,根据防治对象的发生规律以及药剂的性质、剂型特点等,可分为喷雾、喷粉、熏蒸、浸种、毒土、毒饵等10余种方法,必须依据防治对象的特点和当时当地的具体情况,选择农药的使用剂量、合理施药方法,科学施药。

首先是剂量问题。按照每种农药的使用说明,根据不同时期不同气候条件,确定适宜的用药量,严格控制施药浓度和次数。防治病虫害用药的浓度,一般在农药袋(瓶)标签上都有说明,应严格按照上面说明配制,不能随意加大用药量。农民朋友中普遍存在着一种误解,认为用药量加大,防治效果才好,药液喷到植株上到处流才算彻底,效果才好。加大用药量,增多喷药次数,不仅浪费农药,而且会增加农药对产品和环境污染的风险及防治成本。

其次是把农药用到位。如使用喷雾技术喷洒农药,一定要均匀周到。喷药质量不好,往往事与愿违,甚至出现问题,生产上的表现为:一是药液喷到植株上到处流,造成农药流失;二是喷洒不均匀、分布不均,不利于达到预期的防治效果。

选择和使用对应的施药方法、器具,把农药使用到位,是农药科学使用中最重要的一个环节和内容。如喷雾施药法,要尽量选择低容量或超低量喷雾技术,选择喷雾质量稳定的器械进行正确的田间操作,使药剂均匀、周到喷洒到葡萄树体各部位。

21.如何减缓有害生物产生抗药性?

合理混用农药、交替使用农药能有效地减缓有害生物产生抗药性。将两种或两种以上含有不同有效成分的农药制剂混配在一起施用,称为农药的混用。合理混用农药、科学合理复配农药,可提高防治效果,扩大防治对象,延缓病虫抗性,延长品种使用年限,降低防治成本,充分发挥现有农药制剂的作用。

目前,农药复配混用有两种方法:一种是农药生产者把两种以上的农药原药混配加工,制成不同制剂,实行商品化生产,投入市场。以应用于葡萄病害防治的杀菌剂为例,甲霜灵·锰锌是防治霜霉病的良药,此药是内吸性杀菌剂,既有保护作用,又有治疗作用。施药后甲霜灵立即进入植物体内杀死病菌,锰锌残留表面,病菌不能再侵入。另一种是使用者根据当时当地发生病虫的实际需要,把两种以上的农药现混现用,如杀虫剂加增效剂、杀菌剂加杀虫剂等。值得注意的是,农药复配虽然可产生很大的经济效益,但切记不可任意组合,盲目搞"二合一""三合一"。田间现混现用应坚持先试验后混用的原则,否则不仅起不到增效作用,还可能产生毒性、增强病虫的抗药性等不良作用。

农药混用必须掌握三个原则:一是必须确保混用后化学性质稳定;二是必须确保混用后药液的物理性状良好;三是必须确保混用后不产生药害等副作用。

农药的轮换交替使用有两方面的考虑,一方面是阻止或减缓抗性的产生;另一方面,轮换用药可有效减少某种化学农药的残留。

参 考 文 献

1. 王忠跃. 中国葡萄病虫与综合防控技术. 北京:中国农业出版社,2009:11.

2. 赵奎华. 葡萄病虫害原色图鉴. 北京:中国农业出版社,2006:1.

3. 张一萍. 葡萄病虫诊断与防治原色图谱. 北京:金盾出版社,2012.

4. 曹孜义. 葡萄育苗与栽培技术. 兰州:甘肃文化出版社,2008.

5. 晁无疾. 我国葡萄分布区域. 中国农业部网站,2014.

6. 张明哲,等. 葡萄粉蚧发生规律及防治研究,新疆农业科技[J],2006(04).

7. 张炳炎,吕和平. 中国苹果病虫害及其防控技术原色图谱. 兰州:甘肃科学技术出版社,2012.

8. 中国科学院动物研究所,等. 天敌昆虫图册. 北京科学出版社,1978.

9. 陈琳,蒲崇建,孙新纹. 甘肃农药使用技术. 兰州:兰州大学出版社,2003.

10. 袁会珠. 农药使用技术指南. 北京:化学工业出版社,2003.

11. 韩熹来. 中国农业百科全书·农业卷. 北京:农业出版社,1993.

12. 屠予钦. 化学防治技术研究进展. 乌鲁木齐:新疆科技卫生出版社,1992.

13. 屠予钦. 植物化学保护与农药应用工艺. 北京:金盾出版社,2008.

14. 赵善熹. 植物化学保护(第三版). 北京:中国农业出版社,2006.

15. 曹坳程,等. 溴甲烷土壤消毒替代技术研究进展. 植物保护[J],2007

(33):15-20.

16.董兴全,元桂梅.2012年世界葡萄干生产国的生产、消费及贸易概况.中外葡萄与葡萄酒[J],2013(2):64-69.